基礎 **Python**

改訂**2**版

インプレス

はじめに

　現在では星の数ほどのプログラミング言語がありますが、その用途や記述方法もさまざまです。それらの中で、本書で解説するPythonはもっとも人気の高いプログラミング言語のひとつです。機械学習やWebなど先進の分野で活躍する本格的なプログラミング言語でもありながら、記述がシンプルでわかりやすく初心者が最初に学ぶ言語としても最適です。

　Pythonはユーザ数も多く、Pythonを学ぶための解説書やWeb上の資料が数多く存在します。効率的に学習を進めるためには、自分のレベルにあったものを選択する必要があります。本書は、プログラミングの初心者のためのPythonの入門書です。変数の取り扱いから、リスト、タプルといったPython固有のデータの操作、制御構造や関数などについて具体的でかつ短いサンプルを多数示しながら説明することで、初めての方でも安心して学んでいけるように配慮しています。また、インデントでブロックを表現する点など、ほかのメジャーな言語と比べてユニークな点に関してもていねいに説明しています。さらに、各章の最後では理解度を確かめるための練習問題を用意しています。

　Part 1の「基礎編」では、まずイントロダクションとしてPythonの概要や実行環境のインストールなどについて説明します。そのあとは各種データの取り扱いや制御構造ななどの基本的な項目についてサンプルを交えて説明しています。

　Chapter 5以降がPart 2「実践編」です。ファーストクラス・オブジェクトとしての関数の利用方法、オリジナルのクラスの作成などといった多少高度な項目を説明していきますが、Part 1で学んだ知識があれば恐れる必要はありません。

　なお、本書は2016年に発売された「基礎Python」の改訂版です。今回の改訂では、画面構成をよりわかりやすく刷新し、最新版であるPython 3.9の新機能や、JSONファイルの読み込み、正規表現などの説明を追加しています。さらにAppendixとして、標準のグラフィックスモジュールであるTurtleを紹介しています。本書を一通り読み終えたあとに、制御構造や繰り返しを活用してTurtleグラフィックスで楽しみながら図形を描いてみると理解がより深まるでしょう。

　本書が、読者の皆様にとってPythonプログラミングのすばらしさ、おもしろさを実感し、オリジナルのプログラムを作成する手助けとなればと願います。

2020年冬　大津　真

☑ 対象読者

　本書は、プログラミングの初心者を対象に、Pythonのプログラミング方法を解説しています。本書を読み進めるにあたって、プログラミングの前提知識は必要ありません。WindowsあるいはmacOS/Linuxの基本的な操作ができれば十分です。

　ただし、本書では、テキストベースの実行環境でPythonの機能を確認します。テキストベースの実行環境としては、WindowsではPowerShell（P.30）、macOS/Linuxではターミナル（P.41）を使用します。いずれも必要な機能や使い方は本書中で説明しています。最初のうちは多少とまどうかもしれませんが、本書の説明に従って、何度もタイプしていくうちに慣れていくでしょう。

　また、Pythonプログラムの作成にはテキストエディタが必要になります。エディタとはテキストファイルの作成に特化したアプリケーションです。Windowsでは「メモ帳」、macOSでは「テキストエディット」といったエディタが標準搭載されています。それらを使用してソースファイルを記述することも可能です。本書では、より高機能なエディタとしてVisual Studio Codeを紹介しています（P.24）。

☑ 本書の構成

PART 1

Chapter 1 » Pythonプログラミングを始めるための予備知識

　導入として、プログラミング言語とはどのようなものか、プログラミング言語Pythonはどのような特徴を持っているかなどについて解説します。次に、Pythonのインストール方法、コマンドラインの使い方、Pythonのインタラクティブモードなどについて、WindowsとmacOS/Linuxの場合に分けて説明します。コマンドラインでの操作は難しいものではありませんが、これ以降の学習に必要なのでしっかりマスターしましょう。

Chapter 2 » Pythonの基礎を学ぼう

　実際に簡単なソースプログラムを作成し実行しながら、値を名前でアクセスできるようにする変数の取り扱い、文字列、数値、リスト、タプルといったデータ型など、Pythonプログラミングの基礎について学んでいきます。また、標準ライブラリに用意されている便利なモジュールの使い方、クラスからインスタンスを作成しメソッドを実行する方法なども学びます。いずれも、Pythonプログラミングを学んでいくう

えでの基本中の基本となるので、しっかりマスターしておきましょう。

Chapter 3 » プログラムの処理を分岐する／繰り返す

プログラムは必ずしも先頭から順に進んでいくわけではありません。多くの場合、同じ処理を繰り返したり、あるいは条件によって分岐したりといった処理が行われます。そのようなプログラムの流れのことを「制御構造」と呼びます。制御構造によって、膨大なデータを一定の条件のもとに自動処理していくことが可能になります。本章では、条件判断を行うif文、if〜else文、値を比較する比較演算子、処理を繰り返し実行するfor文、while文などの制御構造について学びます。

また、本章の最後では、プログラムの実行中に発生するエラーである例外の処理についても説明します。

Chapter 4 » 組み込み型の活用方法を理解しよう

Pythonの標準ライブラリに含まれる組み込み型である文字列、リスト／タプル、辞書、セットの活用方法について解説します。特定の文字を取り出す、文字を検索する、文字列を埋め込む、リストやタプルの要素を取り出す、検索する、リストの要素を変更、追加、削除、ソートする、リストを利用してコマンドラインから引数を受け取るといった、文字列やリスト要素に対するさまざまな操作を学んでいきます。また、本章では、キーと値のペアでデータを管理する辞書の使い方、重複を持たない要素を管理する集合や、内包表記でリストや辞書を生成する方法なども説明します。本章の内容をマスターすれば、文字や複数のデータをさまざまな方法で処理（プログラミング）できるようになります。

PART 2

Chapter 5 » オリジナルの関数を作成する

Pythonの標準ライブラリにはさまざまな関数が用意されていますが、独自の関数を作成することもできます。本章では、オリジナルの関数を定義してそれを使用する方法について説明します。変数のスコープ、任意の数の引数を受け取る可変長引数、lambda式による無名関数、関数を定義するときに必要となる知識について、実例を示しながら解説していきます。また、関数を利用してリストの要素を処理する方法などについても学びます。内容が少し難しくなってきますが、関数を使いこなせるようになるとプログラミングの幅が格段に広がります。

Chapter 6 » テキストファイルの読み書きを理解しよう

テキストファイルを読み込む方法と、文字列をファイルに書き出す方法について説明します。なお、Pythonではバイナリファイルも扱えますが、ここではテキストファイルの操作に絞って解説します。Chapter 5までの内容が理解できていれば、それほど難しいことはないでしょう。

Chapter 7 » オリジナルのクラスを作成する

オブジェクト指向言語Pythonは、ひな形となるクラスから実際のオブジェクト（イ

ンスタンス）を生成できます。Pythonの標準ライブラリにはさまざまなクラスをま
とめたモジュールが用意されていますが、独自にクラスを定義することもできます。
本書最後のChapterでは、オリジナルのクラスの定義方法、クラスを継承して新たな
クラスを定義する方法、クラスや関数を記述したファイルをモジュールとして扱う方
法などを説明します。

Appendix A » Turtleグラフィックスで図形を描く

　Pythonの標準ライブラリに用意されてるグラフィックスモジュール「Turtle」の
使い方について解説します。Turtleはプログラミングの学習に適したグラフィックス
ライブラリです。カーソル（タートル）を動かす簡単な命令を実行していくだけで、
画面にいろいろな図形や文字を描くことができます。

☑ 動作確認環境

　本書の記述やサンプルプログラムは次の動作環境で確認しています。

- Python 3.9.0
- オペレーティングシステム：Windows 10、macOS Catalina / Big Sur、
  Ubuntu 20.04 LTS

☑ 本書のサンプルコード

　本書中に🗁マークが付いているプログラムは、サンプルファイルが用意されてい
ます。

サンプルファイルが用意されている場合の例:

> LIST 2-17　std_weight1.py 🗁 ●────── このマークの付いているプログラムはダウンロードできる
>
> ```
> height = 180
> bmi = 22
> std_weight = bmi * (height / 100) ** 2
> print("身長: " + str(height) + "cm → ", end="")
> print("標準体重: " + str(std_weight) + "kg")
> ```

　サンプルファイルは下記よりダウンロードできます。

URL https://book.impress.co.jp/books/1120101040

☑ 本書の表記

●macOS / LinuxのターミナルとWindowsのPowerShellの相違について

　macOS/LinuxのターミナルとWindowsのPowerShellでは、キーの表記や、コマ

ンド名などが多少異なります。その都度両方を並記すると煩瑣になるため、本書では、以下の基準で統一して表記しています（Chapter 1、2でも説明しています）。なお、Linuxでは使用しているシェルによって表記が異なりますが、本文中の表記に読み替えてください。

●プロンプト記号は「%」で統一

　macOSのターミナルのプロンプト記号は「%」、WindowsのPowerShellのプロンプト記号は「>」です。本書では「%」で統一して表記しています。Windowsの場合は、紙面上のプロンプト記号「%」を「>」に読み替えてください。

　また、プロンプトに表示されるカレントディレクトリは省略しています。

Windowsのプロンプト記号

```
PS C:¥Users¥o2¥Documents>
```

macOSのプロンプト記号

```
o2@imac2 Documents %
```

本書の表記：プロンプトは「%」のみ表記（カレントディレクトリ名は省略）

```
%
```

●コマンドの実行キーは `Enter` 、Python 3のコマンド名は「python3」で統一

　コマンドの実行キーはmacOSでは `return`、WindowsやLinuxでは `Enter` ですが、`Enter` で統一して表記しています。

　また、Python 3のコマンド名は、Windowsでは「python」、macOSでは「python3」ですが、本書では「python3」で統一して表記しています。

WindowsのPython 3の実行例

```
> python showYear2.py Enter
```

macOSのPython 3の実行例

```
% python3 showYear2.py Return
```

本書の表記：コマンド名は「python3」、実行キーは `Enter` で統一

```
% python3 showYear2.py Enter
```

●リストの折り返し

　リストの1行が長くて折り返してしまう場合には右端に⇨マークを付け、改行せずに行が続くことを表しています。

行の折り返しの例：

```
    print(f"{number} {name} 身長:{height}cm 標準体重:{std_weight:.2f}kg ⇨
誕生日：{birth}")
    print(f"年齢: {age}")
```

改行せずに続ける

7

Contents 目次

はじめに ————————————— 3

本書の読み方 ————————————— 4

PART 1 Pythonの基本を身につけよう

CHAPTER 1 » Pythonプログラミングを始めるための予備知識 ———— 14

1.01 Pythonとはどんな言語だろう ————————————— 16

プログラミング言語とは？ ————————————— 16

Pythonはオブジェクト指向言語 ————————————— 19

Pythonはシンプルなスクリプト言語 ————————————— 20

Pythonプログラミングを始めるために ————————————— 22

Visual Studio Codeについて ————————————— 24

1.02 Pythonの導入とPowerShellの使い方（Windows編） ———— 28

WindowsにPython 3をインストールする ————————————— 28

PowerShellを起動してコマンドを実行する ————————————— 30

PowerShellの基本的な使い方 ————————————— 32

1.03 Pythonの導入とターミナルの使い方（macOS／Linux編） —— 41

macOSにPython 3をインストールする ————————————— 41

LinuxにPython 3をインストールする ————————————— 42

ターミナルを起動してコマンドを実行する ————————————— 43

ターミナルの基本的な使い方 ————————————— 45

1.04 Pythonをインタラクティブモードで実行する ————————————— 52

インタラクティブモードで起動する ————————————— 52

簡単な計算をしてみよう ————————————— 53

演算の優先順位 ————————————— 56

引数を表示するprint()関数 ————————————— 56

文字列はダブルクォーテーション「"」で囲む ————————————— 58

数値と文字例では型が異なる ————————————— 60

練習問題 ————————————— 63

CHAPTER 2 » Pythonの基礎を学ぼう ———— 64

2.01 Pythonプログラムを作成してみよう ————————————— 66

Pythonプログラムの作成から実行まで ———————————— 66
はじめてのPythonプログラム ———————————————— 67
Pythonのソースファイルの基本を理解しよう ——————— 68
コメントについて ———————————————————————— 71

2.02 **変数の取り扱いを理解しよう** ————————————————— 73
変数とは？ ———————————————————————————— 73
変数を使用して計算をする ——————————————————— 77
よく使う値を変数にするとより便利に ——————————— 80
標準体重計算プログラムを作成する ——————————— 81
キーボードから値を入力するには ——————————————— 82

2.03 **いろいろな組み込み型** ——————————————————— 84
数値型について ———————————————————————— 84
リテラルの記述方法を理解しよう ——————————————— 86
文字列のリテラルについて ——————————————————— 89
数値と文字列の相互変換 ——————————————————— 91
一連のデータを管理するリスト型 ——————————————— 95
タプルはデータを変更できないリスト ——————————— 98
タプルとリストの相互変換 ——————————————————— 100
オブジェクトのid番号を調べるには ——————————————— 102

2.04 **モジュールをインポートしてクラスや関数を利用する** — 105
標準ライブラリのモジュールをインポートする ——————— 105
クラスからインスタンスを生成する ——————————————— 107
インスタンスに対してメソッドを実行する ——————————— 107
from〜import文を使用してクラスをインポートする ———— 109
値を戻すメソッドを使用する ——————————————————— 111
mathモジュールの関数を利用する ——————————————— 112
乱数を使用する ———————————————————————— 115
練習問題 ————————————————————————————— 120

CHAPTER 3 » **プログラムの処理を分岐する／繰り返す** —— 122

3.01 **条件判断はif文で** ———————————————————— 124
bool型について ———————————————————————— 124
ifで処理を切り分ける ————————————————————— 125
いろいろな比較演算子 ————————————————————— 127
処理を3つ以上に分けたい場合には ——————————————— 129
if文のブロック内に別のif文を記述する ——————————— 130

3.02 **if文を活用する** ————————————————————— 132
条件式を組み合わせる ———————————————————— 132

閏年の判定プログラムを作成する ……………………………… 135

月から季節名を表示するプログラムを作成する ……………… 136

リストやタプルの要素であることを調べる …………………… 138

条件判断を簡潔に記述できる条件演算式 ……………………… 139

3.03 処理を繰り返す ……………………………………………………… 142

ループはなぜ必要 ……………………………………………… 142

for文を使ってみよう …………………………………………… 143

rangeオブジェクトでカウントアップ／ダウンする ………… 146

whileループの利用 …………………………………………… 149

3.04 ループを活用する …………………………………………………… 151

ループを中断するbreak文 ……………………………………… 151

ループの先頭に戻るcontinue文 ……………………………… 153

ループごとにインデックスと要素を取得するenumerate()関数 … 154

zip()関数により複数のリストから要素を順に取り出す ……… 156

elseでループが完了した場合の処理を記述する ……………… 159

3.05 例外の処理について ………………………………………………… 161

例外とは何だろう ……………………………………………… 161

例外を処理する ………………………………………………… 163

練習問題 ……………………………………………………… 168

CHAPTER 4 ≫ **組み込み型の活用方法を理解しよう** ……… 170

4.01 文字列を活用する …………………………………………………… 172

文字列に対してメソッドを実行するには ……………………… 172

文字列から文字や文字列を取り出す …………………………… 174

文字列を検索する ……………………………………………… 176

format()メソッドで文字列をほかの文字列に埋め込む ……… 178

f文字列を使用して文字列に値を埋め込む …………………… 182

正規表現のパターンで文字列の検索／置換を行う …………… 183

4.02 リストやタプルを活用する ………………………………………… 189

リストやタプルの基本操作 ……………………………………… 189

リストの要素を検索する ………………………………………… 192

リストの要素を変更する ………………………………………… 193

リストの要素をソートする ……………………………………… 197

コマンドラインから引数を受け取る …………………………… 198

4.03 辞書と集合の操作 …………………………………………………… 202

キーと値のペアでデータを管理する辞書 ……………………… 202

辞書の基本操作を知ろう ………………………………………… 204

キー／値の一覧を取得する ……………………………………… 207

アンケートを集計するプログラムを作成する ──────── 209

要素の重複を許さない集合（set） ──────────── 212

4.04 リスト、辞書、集合を生成する内包表記 ──────── 215

リストの内包表記の基本を理解しよう ──────────── 215

条件を満たす要素を抽出する ─────────────── 218

タプルを要素とするリストから条件に合う要素を抽出する ──── 221

辞書の内包表記を使用する ──────────────── 222

集合の内包表記を使用する ──────────────── 224

練習問題 ───────────────────── 229

PART 2　Pythonプログラミングを実践してみよう

CHAPTER 5 ≫ **オリジナルの関数を作成する** ──────── 232

5.01 関数を作成してみよう ──────────────── 234

関数はdef文で定義する ──────────────── 234

キーワード引数とデフォルト値の指定 ──────────── 236

関数呼び出しと引数の値 ─────────────── 239

変数のスコープについて ─────────────── 242

5.02 可変長引数と無名関数の取り扱い ──────────── 245

任意の数の引数を受け取る可変長引数について ──────── 245

キーワード引数を辞書として受け取る ──────────── 249

lambda式で無名関数を定義する ──────────── 251

5.03 関数を活用する ───────────────── 253

リストの要素に対して処理を行うmap()関数 ──────── 253

リストの要素をフィルタリングするfilter()関数 ─────── 256

リストのソート方法をカスタマイズする ─────────── 257

辞書の要素をソートする ─────────────── 261

ジェネレータ関数を作成する ─────────────── 265

練習問題 ───────────────────── 272

CHAPTER 6 ≫ **テキストファイルの読み書きを理解しよう** ──── 274

6.01 テキストファイルを読み込む ─────────── 276

テキストファイルを読み込むための基礎知識 ──────── 276

テキストファイルを一度に読み込むread()メソッド ────── 277

ファイルの各行をリストに分割するreadlines()メソッド ───── 279

テキストファイルから1行ずつ読み込むreadline()メソッド ……………… 282

with文を使うとファイル処理がもっと便利に ……………………………………… 283

6.02 テキストファイルに文字列を書き込む ………………………………………… 286

テキストファイルに書き込むための基礎知識 …………………………………………… 286

テキストファイルに1行ずつ書き出すwrite()メソッド ……………………… 287

リストの要素をまとめて書き出すwritelines()メソッド ……………………… 288

ファイルが存在しているかどうかを調べる ………………………………………… 289

文字エンコーディング変換プログラムを作成する ……………………………… 290

6.03 JSONファイルの読み込み ………………………………………………………… 294

JSONとは ……………………………………………………………………………………… 294

JSON形式のテキストファイルを読み込むload()関数 ……………………… 295

読み込んだデータを並べ替える ……………………………………………………… 298

練習問題 ………………………………………………………………………………………… 301

CHAPTER 7 » オリジナルのクラスを作成する …………………………… 304

7.01 はじめてのクラス作成 ……………………………………………………………… 306

クラス作成の基礎知識 …………………………………………………………………… 306

Customerクラスの作成 ………………………………………………………………… 307

インスタンス変数とクラス変数 ……………………………………………………… 310

クラスでメソッドを定義する …………………………………………………………… 312

7.02 オリジナルのクラスの活用テクニック ……………………………………… 315

クラスに変数やメソッドを動的に追加する ……………………………………… 315

メソッドを動的に追加する ……………………………………………………………… 317

アトリビュートを外部からアクセスできないようにする …………………… 318

アクセッサメソッドをプロパティとして扱うには …………………………… 321

オリジナルのクラスや関数をモジュールとして利用する ………………… 323

モジュールにテスト用のステートメントを加える …………………………… 326

7.03 クラスを継承する …………………………………………………………………… 328

Customerクラスを継承してみよう ………………………………………………… 328

サブクラスでメソッドを追加する …………………………………………………… 330

組み込み型を継承する …………………………………………………………………… 333

練習問題 ………………………………………………………………………………………… 336

Appendix A Turtleグラフィックスで図形を描く ………………………… 340

Appendix B 練習問題の解答 ………………………………………………………… 353

索引 …………………………………………………………………………………………………… 360

Pythonの
基本を
身につけよう

最初のPartでは、そもそもプログラミング言語とは
なにか、そしてPythonを学習するにはなにが必要か
といった、プログラミングを始めるための基礎知識
について説明します。

続いて、実際にインタラクティブモード（対話モー
ド）でコマンドを実行したり、シンプルなプログラ
ムを作成したりしながらPythonの基本について段
階的に学んでいきます。

プログラミング上達の近道はまずプログラムを作る
のが好きになることです。楽しみながら学習を進め
ましょう。

CHAPTER

1 » Pythonプログラミングを 始めるための予備知識

Pythonプログラミングの世界へようこそ！
このChapterでは、Python言語の概要と、
開発環境のインストールやインタラクティブモードでの実行方法に
ついて解説します。

CHAPTER 1 - 01　Pythonとはどんな言語だろう

CHAPTER 1 - 02　Pythonのインストールとコマンド
プロンプトの使い方（Windows編）

CHAPTER 1 - 03　Pythonのインストールとターミナル
の使い方（macOS/Linux編）

CHAPTER 1 - 04　Pythonをインタラクティブモードで
実行する

これから学ぶこと

✔ Pythonの概要について理解します

✔ Pythonをパソコンにインストールします

✔ コマンドラインの基本的な使い方を練習します

✔ Pythonをインタラクティブモードで起動し簡単なコマンド
  を実行します

✔ インタラクティブモードを電卓のように使う方法を学びます

✔ 文字列と数値の相違を理解します

イラスト 1-1 Pythonとはどんなプログラミング言語？

Pythonとはどんなプログラミング言語でしょう？ オブジェクト指向とは？ Pythonのプ
ログラミングを始めるにあたって必要なものは？ どうやって実行するの？ まずはそん
な素朴な疑問にお答えしていきましょう。

CHAPTER 1

01

Pythonとは
どんな言語だろう

本書で学ぶPythonは、現在最も人気の高いプログラミング言語のひとつです。ソースプログラムがオープンソースとして公開され、誰もが無償で入手できます。本節では、まずコンピュータ・プログラミングの基礎的な事柄について説明し、それを踏まえてPythonの特徴を紹介します。

☑ プログラミング言語とは？

　Pythonは、「コンピュータ・プログラム」（以下プログラム）を記述するためのプログラミング言語のひとつです。たとえば、WindowsやmacOS（Mac）といったOS（基本ソフト）や、ワープロなどのアプリケーションもプログラムです。コンピュータ本体や周辺装置であるハードウエアに対して「ソフトウエア」と呼ばれたりもします。

　プログラムを記述するための言語のことを「プログラミング言語」といいます。言語といってもコンピュータと直接会話できるわけではありません。コンピュータを動かすための指令を記述したようなものというイメージでとらえるとよいでしょう。

☑ 機械語と高水準言語

　コンピュータはさまざまな部品から構成されますが、その中核部分となるのは「CPU」（Central Processing Unit）です。日本語では「中央処理装置」などと訳され、演算やデータ処理を担当します。CPUにはさまざまな種類がありますが、たとえばパソコンではIntel社のCore i7やCore i5といったCoreプロセッサ・ファミリが広く普及しています。

　さて、プログラムとはCPUへの指令を記述したものですが、CPUが直接理解できるのは「機械語」（マシン語）と呼ばれる言語だけです。機械語のプログラムは0と1の並びだけで構成されています。黎明期のプログラムは機械語（もしくはそれに近いアセンブリ言語）で記述する必要がありましたが、プログラムの規模が大きくなっていくと、人間が直接理解するのは困難になってきます。また、マシン語はCPUファミリによって異なるため、システムが異なれば記述し直さなければなりません。

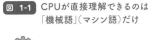

図 1-1 CPUが直接理解できるのは「機械語」（マシン語）だけ

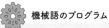

機械語のプログラム

```
01100001101011000……
01010101010101011……
11101010010101011……
00000000011010111……
……………………
```

そのため、現在では、人間にとってわかりやすいテキスト形式の「高水準言語」（あるいは高級言語）と呼ばれる種類のプログラミング言語でプログラムを作成するのが一般的です。もちろんPythonも高水準言語の仲間です。

図 1-2 Pythonはテキスト形式で作成できるのでわかりやすい

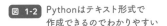

高水準言語のプログラム

```python
# 引数がひとつであることを確認
if len(sys.argv) != 2:
    print("ファイル名を指定してください")
    sys.exit()

# パスが存在するかを確認
path = sys.argv[1]
if os.path.exists(path):
    if input("上書きしますか？(y/n):") != "y":
        sys.exit()

kujis = ["大吉", "中吉", "凶"]
```

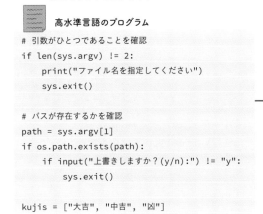

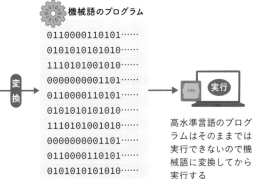

機械語のプログラム

```
0110000110101……
0101010101010……
1110101001010……
0000000001101……
0110000110101……
0101010101010……
1110101001010……
0000000001101……
0110000110101……
0101010101010……
0000000001101……
……………………
```

高水準言語のプログラムはそのままでは実行できないので機械語に変換してから実行する

✓ コンパイラ方式とインタプリタ方式

高水準言語で記述されたプログラムを「ソースプログラム」、それを保存したファイルを「ソースファイル」と呼びます。それに対して、機械語のプログラムを「オブジェクトプログラム」、それを保存したファイルを「オブジェクトファイル」といいます。

高水準言語で記述されたソースファイルは、何らかの方法でCPUの理解できる機械語に変換する必要があります。その方式には、「コンパイラ方式」と「インタプリタ方式」があります。

コンパイラ方式は、「コンパイラ」と呼ばれるソフトウエアで「コンパイル」という処理を行って、ソースファイルを機械語のオブジェクトファイルに変換しておく方式です。

図 1-3 コンパイラ方式

ソースファイル

```
# 引数がひとつであることを確認
if len(sys.argv) != 2:
    print("ファイル名を指定してください")
    sys.exit()

# パスが存在するかを確認
path = sys.argv[1]
if os.path.exists(path):
    if input("上書きしますか？(y/n):") != "y":
        sys.exit()

kujis = ["大吉", "中吉", "凶"]
```

コンパイラ

オブジェクトファイル

```
01100001101011000……
01010101010101011……
11101010010101011……
0000000011010111……
01100001101011000……
01010101010101011……
11101010010101011……
0000000011010111……
01100001101011000……
01010101010101011……
0000000011010111……
…………………………
```

それに対して、インタプリタ方式のほうは、「インタプリタ」と呼ばれる種類のソフトウエアにより、ソースファイルの内容を順に解釈しながら実行する方式です。

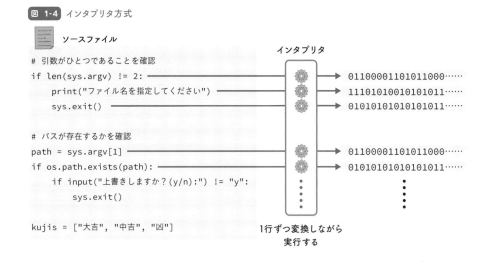

図 1-4 インタプリタ方式

ソースファイル

インタプリタ

```
# 引数がひとつであることを確認
if len(sys.argv) != 2:
    print("ファイル名を指定してください")
    sys.exit()

# パスが存在するかを確認
path = sys.argv[1]
if os.path.exists(path):
    if input("上書きしますか？(y/n):") != "y":
        sys.exit()

kujis = ["大吉", "中吉", "凶"]
```

```
01100001101011000……
11101010010101011……
01010101010101011……

01100001101011000……
01010101010101011……
```

1行ずつ変換しながら
実行する

次に、コンパイラ方式とインタプリタ方式の主な長所／短所をまとめておきます。

表1-1 コンパイラ方式とインタプリタ方式の主な長所／短所

方式	プログラミング言語の例	長所	短所
コンパイラ方式	C、C++、Swift	実行速度が速い	修正したらコンパイルし直す必要がある
インタプリタ方式	Python、Ruby、JavaScript	変更が簡単	実行速度が遅い、実行にはインタプリタが必要

　本書で取り上げるPythonはインタプリタ型の言語です。ソースファイルを修正してからすぐに結果を確認できるので、手軽にプログラミングの学習を始められます。

✔ Pythonはオブジェクト指向言語

　Pythonは、「オブジェクト指向言語」に分類されるプログラミング言語です。「オブジェクト」（object）とは「物、物体」というような意味ですが、オブジェクト言語は操作対象を「物」として操作を行います。オブジェクトには、「データ」と「処理」があります。「処理」のことを「メソッド」と呼びます。

✔ オブジェクトはクラスをもとに生成される

　もちろんこれだけでは何のことか意味不明だと思いますので具体例を示しましょう。たとえば、電池で動くおもちゃのロボットをオブジェクトと考えてプログラムを作成するとします。データとしては「色」や「名前」などが、メソッドとしては「こんにちはのあいさつをする」「前へ動く」などが思いつくでしょう。

　オブジェクトの設計図のようなものを「クラス」と呼びます。そのクラスをもとに実際のオブジェクトが生成されます。生成されたオブジェクトのことを「インスタンス」と呼びます。また、Pythonではデータとメソッドを合わせて「アトリビュート」（属性）と呼びます。

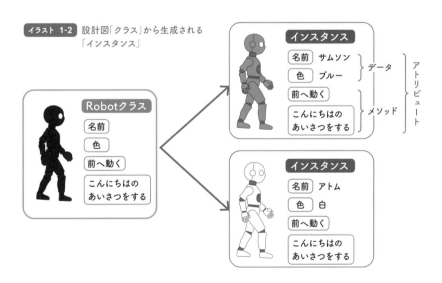

イラスト 1-2　設計図「クラス」から生成される「インスタンス」

　ここで登場した、クラスとインスタンス、およびメソッドとアトリビュートという用語は、オブジェクト指向言語において重要な役割を果たすものなので、頭の片隅に入れておきましょう。

☑ オブジェクト指向言語はプログラムの再利用が簡単

　Pythonに限らず、最近主流のプログラミング言語のほとんどはオブジェクト指向の要素を取り入れているといっても過言ではありません。その最大の要因のひとつが、プログラムの再利用が簡単に行えるという点です。既存のクラスの機能を引き継いで、新たなクラスを作成できるのです。この機能のことを「継承」といいます。

　たとえば、先ほどのRobotクラスのアトリビュートを引き継いで、新たに「さよならのあいさつをする」や「うしろに動く」というメソッドを追加したUltraRobotクラスを定義するといったことが可能です。

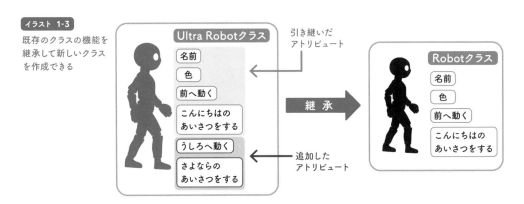

イラスト 1-3
既存のクラスの機能を継承して新しいクラスを作成できる

引き継いだアトリビュート

追加したアトリビュート

　なお、Pythonにはすべてのクラスの祖先となる「object」というクラスがあります。別の言い方をすると、Pythonにおけるすべてのクラスは、objectクラス、もしくはobjectクラスから派生したクラスを継承します。

☑ Pythonはシンプルなスクリプト言語

　Pythonは「スクリプト言語」というタイプにも分類されます。「スクリプト」(script) とは、日本語にすれば「台本」とか「脚本」といった意味ですが、プログラミングの分野では「短いプログラム」といった意味合いで使用されます。スクリプト言語とは、シンプルで簡易にプログラミングを行える言語と考えるとよいでしょう。代表的なスクリプト言語にはJavaScriptやPHPなどがあります。また、スクリプト言語で作成したプログラムのことを「スクリプト」と呼ぶことがあります。

　みなさんは、オブジェクト指向言語というとJava言語を思い浮かべる方も多いと思います。Javaが本格的なオブジェクト指向言語なのに対して、スクリプト言語でもあるPythonではより短い記述が可能です。次に、単に画面に「こんにちは」と表示するプログラムをJavaとPythonで記述した例を示します。

LIST 1-1 Javaプログラムの例

```java
class Hello {
    public static void main (String args[]){
        System.out.println("こんにちは");
    }
}
```

LIST 1-2 Pythonプログラムの例

```python
print("こんにちは")
```

　Pythonのプログラムのほうがはるかにシンプルです。同じ処理にJavaでは5行が必要なのに対して、Pythonではたった1行で済むのです。

✓ Pythonではインデントが重要

　Pythonのプログラムにおいて特徴的なのが「インデント」の使い方です。インデントとは、字下げのことですが、多くの高水準言語では、プログラムを読みやすくするために、インデントを行います。ただし、たいていのプログラミング言語では、インデントは単に人間がプログラムを読みやすくするための配慮です。つまり、文法的にはインデントはなくても問題ありません。プログラムの処理のまとまりのことを「ブロック」といいます。たとえば、Javaの場合には「{ }」でブロックを表しますが、インデントはあってもなくても動作します。

図 1-5 Javaではインデントの有無は関係ない

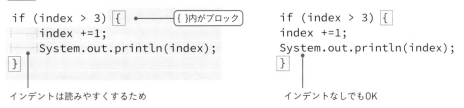

if (index > 3) { ⟵ { }内がブロック
　　　index +=1;
　　　System.out.println(index);
}
インデントは読みやすくするため

if (index > 3) {
index +=1;
System.out.println(index);
}
インデントなしでもOK

　それに対して、Pythonの場合にはインデントによってブロックを表すため、正しくインデントを行わないとエラーになります。

図 1-6 Pythonではインデントが正しく設定されていないとエラーになる

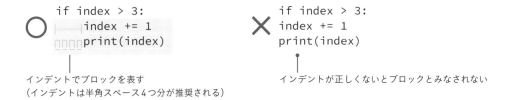

○ if index > 3:
　　　index += 1
　　　print(index)
インデントでブロックを表す
（インデントは半角スペース4つ分が推奨される）

✕ if index > 3:
index += 1
print(index)
インデントが正しくないとブロックとみなされない

ワープロなどと同じく、インデントはタブ記号あるいはスペースなどで行いますが、Pythonでは「半角スペース4つ」で1段階のインデントを表すことが推奨されています。見た目は同じでもスペースによるインデントとタブ記号によるインデントを混在させると意図しない動作になるので注意してください。

✔ Pythonプログラミングを始めるために

続いてPythonプログラミングを始めるために、有益な情報源やオススメのエディタなどの予備知識についまとめておきましょう。

✔ Pythonのバージョンと情報源について

現在主流のPythonのバージョンは、バージョン2系とバージョン3系に大別されます。現在はバージョン3系のPython 3が主流になってきています。Python 3 ではかなりの機能拡張、仕様変更が行われたため、バージョン2系のPython 2のプログラムとは互換性がありません。

本書ではPython 3について解説します。Python 3では文字列の内部コードとしてユニコードが標準となり、日本語など英語圏以外の言語の扱いが簡単になりました。

●Pythonの情報源
Pythonのオフィシャルサイトは https://www.python.org です。

画面 1-1
Pythonの
オフィシャルサイト

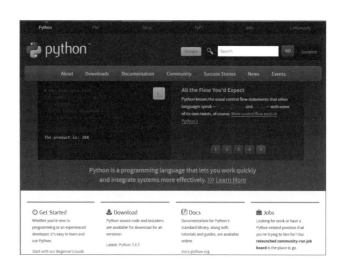

「Documentation」タブをクリックするとさまざまなドキュメントにアクセスできます。

> ## Pythonの日本語ドキュメント
>
> オフィシャルサイトの内容はすべて英語ですが、「Pythonドキュメント日本語訳プロジェクト」によるドキュメントを http://docs.python.jp/3/ で閲覧できます。

☑ Pythonプログラミングに必要なもの

Pythonプログラムを記述して実行するためには次のものが必要です。

●パソコン

OSは、Windows、macOS（Mac）、Linuxなどが利用可能です。

●Python本体

次節で説明しますが、Python本体は、オフィシャルサイトからダウンロードできます。いろいろなソフトウエア部品をまとめたものを「ライブラリ」といいます。Pythonのインストーラには、Pythonインタプリタのほか、多くのモジュールをまとめた標準ライブラリが含まれています。

●テキストエディタ

ソースプログラムを作成するためにはテキストエディタが必要です。Python 3のソースファイルは、文字エンコーディングをUTF-8として記述することが推奨されているので、少なくともUTF-8が正しく取り扱えるエディタが必要です。

☑ オススメのエディタは？

Pythonプログラムの作成には、テキストエディタ（以下エディタ）が必要になります。エディタとはテキストファイルの作成に特化したアプリケーションです。Windowsでは「メモ帳」、macOSでは「テキストエディット」といったエディタが標準搭載されています。それらを使用してソースファイルを記述することも可能ですが、プログラムがある程度の規模になってくると役不足な感が否めません。

現在では、有償もしくはフリーで高機能なエディタが多数あります。すでに、使い慣れたものがあればそれを使用してかまいませんが、Pythonプログラムの作成に使用するには、少なくとも次の2点を満たしている必要があります。

- 文字エンコーディング「UTF-8」で保存可能
- 柔軟なインデント設定が可能

✔ Visual Studio Codeについて

　ここでは、Microsoft社が開発したオープンソースのテキストエディタである、Visual Studio Code（VSCode）を紹介しましょう。

画面 1-2 Visual Studio Codeで
Pythonファイルを編集中の画面

　Visual Studio Codeは、オフィシャルサイトhttps://code.visualstudio.comから、macOS（Mac）版、Windows版、Linux版がダウンロードできます。

画面 1-3 Visual Studio Codeのダウンロードページ

画面 1-4 Visual Studio Codeのインストール画面（Windows）

☑ メニューの日本語化

Visual Studio Codeは、インターネット上の「マーケットプレイス」によって公開されているさまざまな「拡張機能（エクステンション）」をインストールすることにより機能を拡張できます。たとえば、メニューやメッセージを日本語化したい場合には「日本語パック」（Japanese Language Pack）をインストールするとよいでしょう。

☑ **STEP 1** Japanese Language Packをインストールする
　　　　　　 左の「アクティビティバー」の「Extension（拡張機能）」のアイコンをクリックしマーケットプレースを表示します。「Japanese Language Pack」を検索し、「Install」ボタンをクリックしてインストールします。

画面 1-5 「Japanese Language Pack」を検索してインストール

 **STEP 2　アプリを再起動**

　　　　インストールが完了すると右下に再起動を促すダイアログが表示されるので
　　　　「Restart Now」ボタンをクリックします。再起動すると日本語化が完了します。

画面 1-6　日本語化されたVisual Studio Code

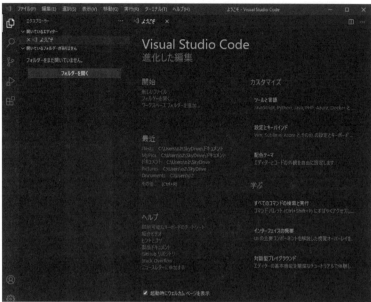

✔ Python拡張機能のインストール

　続いて、Pythonのソースファイルの作成や実行に便利な機能をまとめた「Python拡張機能」を
インストールしましょう。作成中のソースファイルをVisual Studio Codeの内部でテストすること
もできます。

　左の「アクティビティバー」の「Extension（拡張機能）」のアイコンをクリックしマーケットプレー
スを表示し「python」を検索します。「インストール」ボタンをクリックしてインストールします。

画面 1-7　「python」を検索して
　　　　　インストール

Column **エディタのソフトタブとハードタブ**

　Pythonのプログラムではインデント（字下げ）が重要です。インデントによって一連の処理のまとまりであるブロックを表すからです。インデントには、タブ記号、あるいは複数の半角スペースを使用しますが、プログラム内でそれらが混在すると不具合が起こりやすいため、統一しておく必要があります。

　Pythonプログラムでは、半角スペース4つによるインデントが主流です。したがって、2段階のインデントでは半角スペース8つ分となります。

図 1-7 インデントは半角スペース4つ

1段階のインデントは半角スペース4つ

```
class GoldCustomer(Customer):
    def __init__(self, number, name, height=0, birthdate=0):
        self.__birthdate = birthdate
        super().__init__(number, name, height)
```

2段階のインデントは半角スペース8つ

　Visual Studio Codeの場合、デフォルトで半角スペース4つのソフトタブに設定されています。これはステータスバーで確認できます。

画面 1-8 ステータスバーで半角スペースの数を確認

Python 3.8.0 32-bit ⊗ 0 ⚠ 0　　　　　　　　　行 1、列 1 | スペース: 4 | UTF-8　LF　Python

　モードを変更するには、ステータスバーのタブの表示（デフォルトでは「スペース:4」）をクリックします。すると、上部のコマンドパレットにインデント関連のコマンドが表示されます。「タブによるインデント」を選択するとハードタブになり、「スペースによるインデント」を選択するとソフトタブになります。

画面 1-9 ハードタブ／ソフトタブの選択

Pythonの導入とPowerShellの使い方（Windows編）

CHAPTER 1

02

この節では、WindowsにPythonの開発環境をインストールする方法について説明します。そのあとで、Pythonプログラムの実行に使用する、テキストベースの実行環境であるPowerShellの使い方について説明しましょう。

☑ WindowsにPython 3をインストールする

　本稿執筆時点でのPython 3の最新版はバージョン3.9です。Windows 10を例に、そのインストール方法を説明しましょう。

☑ **STEP 1** インストーラをダウンロードする

Pythonのオフィシャルサイト（https://www.python.org）にアクセスし、「Downloads」にマウスカーソルを合わせると表示されるメニューから「Download for Windows」の下部の「Python 3.～」を選択します。

あるいは、「Downloads」→「All Release」を選択して表示される各バージョンのリストからPython 3.9をダウンロードすることもできます。

画面 1-10 「Dowonloads」→「Download for Windows」の「Python 3.～」を選択

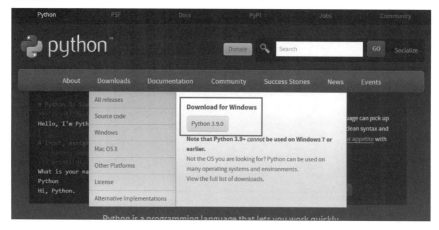

☑ **STEP 2　インストーラを起動する**

「Add Python 3.～ to Path」をチェックし、「Install Now」をクリックします。

画面 1-11　「Add Python 3.～
　　　　　 to Path」をチェック、
　　　　　 「Install Now」をクリック

☑ **STEP 3　インストールを実行する**

コンピュータの変更を求めるダイアログボックスが表示されるので「はい」を
クリックするとインストールが開始されます。

画面 1-12　インストール中

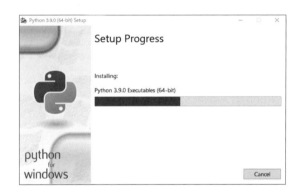

次のようなダイアログボックスが表示されればインストールは完了です。

画面 1-13　インストール完了

✓ PowerShellを起動してコマンドを実行する

　現在では、コンピュータの操作といえば「GUI（Graphical User Interface）」が主流ですが、テキストをキーボードからタイプしてコマンドを入力するような実行環境は手早く利用できるため、開発者はこの環境もしばしば使っています。このような実行環境を「CUI（Character User Interface）」あるいは「コマンドライン」、「CLI（Command Line Interface）」などと呼びます。Windowsには標準で「PowerShell」や「コマンドプロンプト」というCUI環境が用意されています。Pythonプログラムの実行はさまざまな方法で行えますが、本節ではPowerShellを基本に解説します。

　PowerShellになじみがないユーザーのために、基本的な使い方を説明しておきましょう。なお、コマンドプロンプトとPowerShellで利用可能なコマンドは異なります。ただし、コマンドプロンプトとの互換性を考慮し、PowerShellには、コマンドプロンプトのコマンド名と同じコマンドの別名が用意されています。たとえば、ディレクトリの一覧を表示するコマンドはコマンドプロンプトではdirです。PowerShellではGet-ChildItemですが、PowerShellにはその別名としてdirが用意されています。ここでは、PowerShellとコマンドプロンプトの両方に対応できるように、別名として用意されているコマンド名を使用して説明します。

✔ PowerShellを起動する

　PowerShellを起動するには、画面左下のWindowsメニューを右クリックします。表示される一覧から「Windows PowerShell」を選択します。

画面 1-14 PowerShellを起動

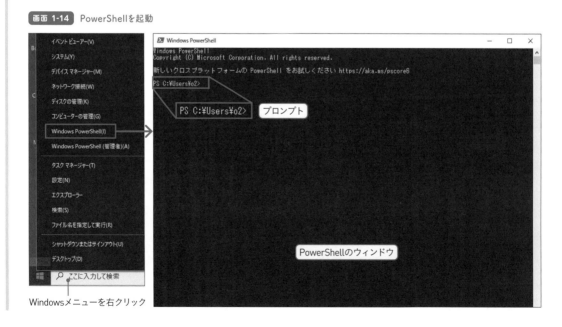

Windowsメニューを右クリック

30

「PS C:¥Users¥o2>」と表示されているのは「プロンプト」と呼ばれるもので、現在コマンドを受けつけられる状態になっていることを示します。

プロンプトに表示されている文字列は、現在自分がいるディレクトリを表しています。これを「カレントディレクトリ」と呼びます。Windows 10でPowerShellを起動した状態では、ローカルディスク（Cドライブ）の「Users」ディレクトリの下のユーザー名をもとにした文字列のディレクトリがカレントディレクトリになります。

図 1-8　プロンプトの読み方

「o2」ディレクトリ

PS C:¥Users¥o2

ドライブ名　「Users」ディレクトリ

ドライブ名とディレクトリ名の区切りには「:」、ディレクトリの区切りには「¥」が使われることに注意してください。

「ディレクトリ」と「フォルダ」

「ディレクトリ」と「フォルダ」という用語は同じ意味になります。フォルダはデスクトップ、つまり机の上にあるファイルのフォルダをイメージして付けられたよりわかりやすい名称です。多くの場合、PowerShellのようなCUI環境ではディレクトリ、デスクトップ環境ではフォルダという呼び方が使われます。

☑ コマンドを実行する

試しにプロンプトに続いて「pwd Enter（⏎）」としてみましょう。するとコマンドの実行結果として、現在自分がいるディレクトリである「カレントディレクトリ」が表示され、再びプロンプトが表示されます。

画面 1-15　cdコマンドの実行例

```
Windows PowerShell

Windows PowerShell
Copyright (C) Microsoft Corporation. All rights reserved.

新しいクロスプラットフォームの PowerShell をお試しください https://aka.ms/pscore6

PS C:¥Users¥o2> pwd Enter          ●————  「pwd」と入力して Enter（⏎）を押す

Path
----                                ●————  実行結果が表示される
C:¥Users¥o2

PS C:¥Users¥o2>                     ●————  プロンプトに戻る
```

実行結果はプロンプトの「>」より前の部分と同じですね。なお、実際には「pwd」は「GET-Location」というコマンドの別名です。

C:¥Users¥ユーザー名

「C:¥Users¥ユーザー名」ディレクトリは、エクスプローラでは「Cドライブ」→「ユーザー」フォルダ→「ユーザー名」フォルダに対応します。

☑ PowerShellを終了する

PowerShellを終了するにはexitコマンドを実行します。あるいは、ウィンドウ右上の ⊠ ボタンをクリックしてウィンドウを閉じてもかまいません。

図 1-9 cdコマンドの実行例

```
PS C:¥Users¥o2> exit  Enter
```

☑ PowerShellの基本的な使い方

続いて、目的のファイルやディレクトリまでの道筋である「パス」の指定方法について説明します。さらに、ディレクトリの内容を一覧表示するコマンド、ディレクトリ間を移動するコマンドなど、基本的なコマンドの操作方法とあわせて紹介していきます。

☑ 絶対パスと相対パス

パスの指定方法は、「絶対パス」と「相対パス」の2種類に大別されます。絶対パスはドライブ名（「C:」など）のあとに、階層構造の先頭を表す「¥」記号を記述し、そのうしろにディレクトリもしくはファイルを順に「¥」で区切って指定する方法です。つまりプロンプトに表示されているパスは絶対パスです。

一方、相対パスはカレントディレクトリから指定する方法です。

たとえば、「C:¥Users¥o2」がカレントディレクトリの場合、その下の「Documents」ディレクトリ（エクスプローラでは「ドキュメント」フォルダ）のパスを絶対パスで指定するには次のようにします。

図 1-10 絶対パスによる指定

階層構造の頂点の「¥」

C:¥Users¥o2¥Documents

ドライブ名　　　ディレクトリの区切りの「¥」

カレントディレクトリからの相対パスで指定するには次のようにします。

図 1-11 相対パスによる指定

Documents

☑ ディレクトリの一覧を表示するdirコマンド

ディレクトリ内のファイルやディレクトリの一覧を表示するにはdirコマンド（Get-ChildItem の別名）を使います。プロンプトに続いて「dir Enter」とタイプしてみましょう。

図 1-12 dirコマンドの実行例

```
PS C:¥Users¥o2> dir Enter

    ディレクトリ: C:¥Users¥o2


Mode                 LastWriteTime         Length Name
----                 -------------         ------ ----
d-----         2020/09/16     22:07                .vscode
d-----         2017/05/19      0:41                AnacondaProjects
d-----         2015/05/02     22:47                AndroidStudioProjects
d-r---         2020/09/16     21:29                Contacts
d-r---         2020/09/16     22:08                Desktop
d-r---         2020/09/16     21:29                Documents
d-r---         2020/09/17     13:07                Downloads
d-r---         2020/09/16     21:29                Favorites
d-r---         2020/09/16     21:34                iCloudDrive
d-r---         2020/09/16     21:29                Links
d-r---         2020/09/16     21:29                Music
d-r---         2015/11/01      1:55                OneDrive
d-r---         2020/09/16     21:29                Pictures
d-r---         2020/09/16     21:29                Searches
d-----         2017/09/09     14:03                source
d-r---         2020/09/16     21:29                Videos
-a----         2019/02/22      1:06             91 .vuerc
-a----         2015/08/18     21:51             11 Readme.txt
```

ファイルのモード　　　　修正日時　　　　サイズ　　　　名前

＊注：表示は一部

ファイルやディレクトリの一覧が1行ずつ表示されます。「Mode」の欄の最初に「d」と表示されているのがディレクトリです。ファイルの場合には4つ目の欄にサイズが表示されます。

大文字と小文字は区別されない

WindowsのPowerShellでは大文字と小文字は区別されません。「dir」は「DIR」としても同じです。

✓ コマンドに引数を渡す

コマンドに渡す何らかの値のことを「引数（ひきすう）」と呼びます。コマンドによって受け取れる引数の数が異なります。コマンドと引数、および引数どうしの区切りはスペースになります。

図 1-13 引数の渡し方

コマンド名 引数1 引数2 ....

たとえば、dirコマンドにディレクトリを指定すると、そのディレクトリの内容が表示されます。次に、カレントディレクトリの下のPicturesディレクトリの一覧を表示する例を示します。

図 1-14 dirコマンドでディレクトリの内容を表示

```
PS C:¥Users¥o2> dir Pictures  Enter

    ディレクトリ: C:¥Users¥o2¥Pictures

Mode              LastWriteTime         Length Name
----              -------------         ------ ----
d-r---        2019/11/06     22:59             Camera Roll
d-----        2019/10/27     11:15             iCloud Photos
-a----        2019/11/28     21:29      16719 dvd2.png
-a----        2019/12/09     15:30     266711 iwin1.PNG
-a----        2019/12/19     23:50     105345 manual.PNG
-a----        2019/12/07     21:25      12002 samba1.PNG
～略～
```

✓ コマンドのオプションを指定する

コマンドの動作を変更するための引数をオプションと呼びます。たとえばdirコマンドでファイルの一覧のみを表示したい場合には、最後に「-File」オプションを指定します。

図 1-15 「dir -File」でファイルの一覧のみを表示

```
PS C:¥Users¥o2> dir Pictures -File Enter

    ディレクトリ: C:¥Users¥o2¥Pictures

Mode                LastWriteTime         Length Name
----                -------------         ------ ----
-a----        2019/11/28     21:29          16719 dvd2.png
-a----        2019/12/09     15:30         266711 iwin1.PNG
-a----        2019/12/19     23:50         105345 manual.PNG
-a----        2019/12/07     21:25          12002 samba1.PNG
```

☑ ディレクトリを移動するcdコマンド

カレントディレクトリを移動するにはcdコマンド（Set-Locationコマンドの別名）を使用します。引数にディレクトリのパスを指定すると、それがカレントディレクトリとなります。

図 1-16 カレントディレクトリの変更

cd 移動先のディレクトリのパス

引数のパスは、相対パス、絶対パスのどちらで指定してもかまいません。次に、PowerShellを開いた状態で、相対パスを指定してその下のPicturesディレクトリに移動する例を示します。

図 1-17 相対パスを指定

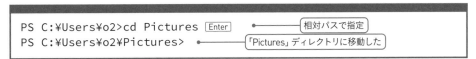

絶対パスで移動するには次のようにします。

図 1-18 絶対パスを指定

両者を比べてみるとわかるように、すぐ下のディレクトリに移動するときは相対パスのほうが簡単です。

✅ ひとつ上のディレクトリに移動するには

「..」は（ピリオド「.」をふたつつなげる）はカレントディレクトリのひとつ上のディレクトリです。したがって、ひとつ上のディレクトリに移動するには、パスに「..」を指定すると簡単です。これはよく使いますので確実に覚えましょう。

たとえば、「C:¥Users¥o2¥Documents」にいるときに、ひとつ上の「C:¥Users¥o2」ディレクトリに戻るにはどうしたらよいでしょう。もちろん、「cd C:¥Users¥o2 Enter」のように絶対パスで指定してもよいのですが、タイプする量が多くて面倒です。このような場合に「..」を使うと簡単に移動できます。

図 1-19 ひとつ上のディレクトリに移動

```
PS C:¥Users¥o2¥Documents>cd ..  Enter ●──── パスに「..」を指定
PS C:¥Users¥o2> ●──── ひとつ上のディレクトリに移動した
```

✅ スペースを含むディレクトリを指定するには

スペースを含むファイルやディレクトリを指定する場合には、パスをダブルクォーテーション「"」で囲む必要があります。たとえば、カレントディレクトリが「C:¥Users¥o2」のときに、その下の「Documents」→「Test Files」ディレクトリに移動するには次のようにします。

図 1-20 スペースを含むファイルやディレクトリを指定

```
PS C:¥Users¥o2>cd "Documents¥Test Files" Enter ●── ダブルクォーテーション「"」で囲む
PS C:¥Users¥o2¥Documents¥Test Files>
```

パスを簡単に入力する

　エクスプローラのファイルやフォルダを、PowerShellの上にドラッグ＆ドロップすると、カーソルの位置にファイルやフォルダの絶対パスを貼り付けられます。たとえば、「cd 」（「cd」のあとに半角スペースを入れる）までタイプしてから、そのあとに目的のディレクトリをドラッグ＆ドロップして Enter を押せば、目的のディレクトリに簡単に移動できます。

画面 1-16　エクスプローラからPowerShellにドラッグ＆ドロップ

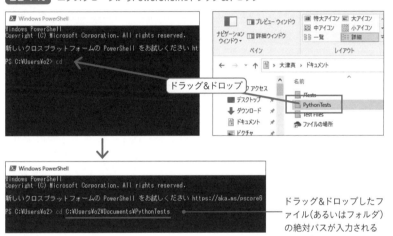

ドラッグ＆ドロップしたファイル（あるいはフォルダ）の絶対パスが入力される

☑ Tabキーによるディレクトリ名やファイル名の補完機能

　PowerShellには、最初の数文字をタイプして Tab を押すと残りを補完してくれる機能が用意されています。補完機能は、長いディレクトリ名やファイル名を入力する場合に便利です。たとえば、Documentsディレクトリを指定するには最初の数文字をタイプして Tab を押します。するとディレクトリ名が自動的に補完されます。

図 1-21　ディレクトリ名を自動的に補完

```
PS C:¥Users¥o2>cd Do Tab
```
最初の数文字をタイプしてTabキーを押す

↓

```
PS C:¥Users¥o2>cd .¥Documents¥
```
.¥Documents¥と補完される（Documentsと同じ）

なお、スペースを含むディレクトリやファイルを補完すると、自動的にシングルクォーテーション「'」で囲まれます。

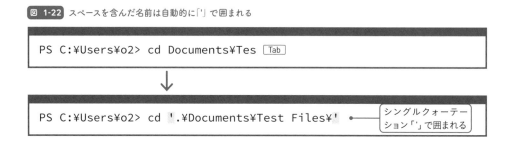

図 1-22 スペースを含んだ名前は自動的に「'」で囲まれる

```
PS C:¥Users¥o2> cd Documents¥Tes [Tab]
```
↓
```
PS C:¥Users¥o2> cd '.¥Documents¥Test Files¥'
```
シングルクォーテーション「'」で囲まれる

✓ 以前に実行したコマンドを呼び出す

コマンドの履歴機能を使用すると、前に実行したコマンドを呼び出して実行できます。PowerShellで [↑] を押すと、コマンドをひとつずつさかのぼって表示してくれます。[↓] を押すと逆にひとつずつ戻ります。目的のコマンドが見つかったら [Enter] を押すと実行できます。もちろん修正してから実行することもできます。

図 1-23 [↑][↓] で以前に実行したコマンドを簡単に呼び出せる

```
cd Documents [Enter]
cd .. [Enter]
cd C:¥Users¥o2¥Documents [Enter]
dir [Enter]
dir "Test Files" [Enter]
dir "Pictures" [Enter]
date [Enter]
```
古いコマンド
新しいコマンド

✓ コマンドの説明を表示する

コマンドの情報を表示するには、コマンド名を引数にGet-Helpコマンドを実行します。たとえばdirコマンドの説明を表示するには次のようにします。

図 1-24 Get-Helpコマンドでdirコマンドの説明を表示

```
PS C:\Users\o2> Get-Help dir [Enter]

名前
    Get-ChildItem
構文
    Get-ChildItem [[-Path] <string[]>] [[-Filter] <string>]
[<CommonParameters>]

    Get-ChildItem [[-Filter] <string>]  [<CommonParameters>]

エイリアス
    gci
    ls
    dir

注釈
    Get-Help を実行しましたが、このコンピューターにこのコマンドレットのヘルプ
ファイルは見つかりませんでした。ヘルプの
    一部だけが表示されています。
        -- このコマンドレットを含むモジュールのヘルプ ファイルをダウンロード
してインストールするには、Update-Help を使
    用してください。
        -- このコマンドレットのヘルプ トピックをオンラインで確認するには、
「Get-Help Get-ChildItem -Online」と入力する
    か、
            https://go.microsoft.com/fwlink/?LinkID=113308 を参照
してください。
```

✅ pythonコマンドについて

　PowerShellの基本的なコマンドの使い方が理解できたところで、Pythonに話を戻しましょう。WindowsではPythonのインタプリタは「python」というコマンド名でインストールされています。実際のPythonインタプリタの使用方法についてはP.52「1.04 Pythonをインタラクティブモードで実行する」以降で説明することにして、ここでは単にPythonのバージョンを表示してみましょう。pythonコマンドを引数に「--version」を指定して実行してください。インストールが正しく行われていればバージョン番号が表示されるはずです。

図 1-25 Pythonのバージョンを表示

```
PS C:¥Users¥o2>python --version [Enter]
Python 3.9.0 ●──────────────────────[ バージョン番号 ]
```

これ以降のWindowsのプロンプトの表記

プロンプトに表示されるパスは、使っている人の環境によって異なります。また、ディレクトリの階層が深くなると、プロンプトが長々と表示され、紙面上では見にくくなります。そこで本書ではこれ以降、Windowsのプロンプトを単に「>」で略記することにします。

図 1-26 プロンプトの略記

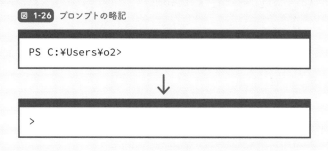

Pythonの導入とターミナルの使い方（macOS／Linux編）

この節ではmacOS／LinuxにPythonの開発環境をインストールする方法と、Pythonプログラムの実行に使用する、テキストベースの実行環境であるターミナルの使い方について説明します。

✔ macOSにPython 3をインストールする

macOSにはPython 2が標準でインストールされています。本書ではPython 3をベースにしていますので、Python 3の最新版をインストールする必要があります。なお、本稿執筆時点での、Python 3の最新版はバージョン3.9です。

ここではmacOS Catalina／Big Surを例に、そのインストール方法について説明しましょう。

✔ **STEP 1　インストーラをダウンロードする**

Pythonのオフィシャルサイト（https://www.python.org）にアクセスし「Downloads」にマウスカーソルを移動し、表示されるメニューから「Download for Mac OS X」の下の「Python 3.〜」を選択します。

画面 1-17　「Dowonloads」→「Download for Mac OS X」の「Python 3.〜」を選択

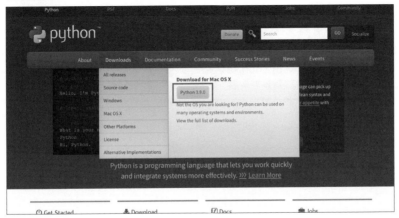

☑ **STEP 2** インストーラを起動、インストールを実行する

ダウンロードしたインストーラを起動し、指示に従ってインストールを行います。設定はデフォルトのままでかまいません。

画面 1-18 インストーラの起動画面

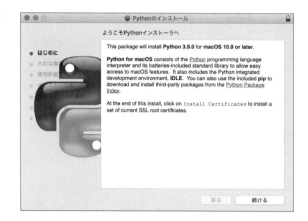

　インストールが完了すると「Applications」→「Python3.〜」フォルダが作成され、PythonのIDLEなど関連ファイルが保存されます。ただし、Python本体は/Library/Frameworks/Python.framework/Versions/3.9/binディレクトリにpython3.xとして保存されます。

☑ LinuxにPython 3をインストールする

　LinuxはディストリビューションごとにPython 3のパッケージが用意されています。たとえば、最も人気の高いLinuxディストリビューションのひとつである「Ubuntu」の最新長期安定版「Ubuntu 20.04 LTS」では、標準でPython 2とPython 3がインストールされています。
　Python 3を手動でインストールするには次のように実行します。

図 1-27 コマンドラインでPythonをインストール

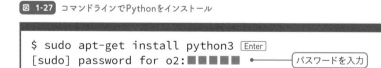

✅ | ターミナルを起動してコマンドを実行する

　現在では、コンピュータの操作といえば「GUI（Graphical User Interface）」が主流ですが、テキストをキーボードからタイプしてコマンドを入力するような実行環境は手早く利用できるため、開発者はこの環境もしばしば使っています。このような実行環境を「CUI（Character User Interface）」あるいは「コマンドライン」などと呼びます。macOSやLinuxには標準で「ターミナル」というCUI環境が用意されています。Pythonプログラムの実行はさまざまな方法で行えますが、本節ではターミナルを基本に解説します。ここではmacOSを例に、ターミナルになじみのないユーザーのために基本的な使い方を説明しておきましょう。

✅ ターミナルを起動する

　macOSでは、「アプリケーション」→「ユーティリティ」フォルダの「ターミナル」をダブルクリックすると、ターミナルが起動します。

　ターミナルでは「シェル」というプログラムが常駐し、ユーザーの入力したコマンドを解釈してシステムの中心部分であるカーネルに伝えます。シェルにはさまざまな種類があり、macOS Catalina以降ではzshというシェルが標準シェルとして採用されています（Catalinaより前のmacOSおよびLinuxではbashというシェルが標準シェルとして採用されています）。

図 1-28 ターミナルの
ウィンドウ

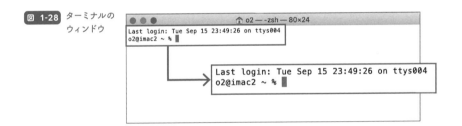

　先頭行には最後にログインした日時が表示され、その下に次のような表示があります。これは「プロンプト」と呼ばれるもので、現在コマンドを受けつける状態であることを示しています。コマンドはプロンプトに続いて入力していきます。

図 1-29 プロンプトの
読み方

　「カレントディレクトリ」は現在自分がいるディレクトリです。ユーザーが自由に使用してかまわないディレクトリを「ホームディレクトリ」と呼びます。チルダ「~」は自分の「ホームディレ

クトリ」を表します。macOSの場合、「/Users/ユーザー名」が実際のホームディレクトリです。

ターミナルのウィンドウを開いた状態では ホームディレクトリがカレントディレクトリとなります。

なお、ディレクトリとフォルダは同じ意味と考えてかまいません（P.31「ディレクトリ」と「フォルダ」参照）。

bashのプロンプト

Catalinaより前のmacOSやLinuxなどシェルにbashを使用している場合のプロンプトは右のようになります。

図 1-30 プロンプトの読み方

```
imac2:~  o2$
```
ホスト名　ユーザー名
カレントディレクトリ

☑ コマンドを実行する

試しに、プロンプトに続いて「cal return（Enter）」としてみましょう。するとcalコマンドの実行結果として、今月のカレンダーが表示され、再びプロンプトが表示されます。

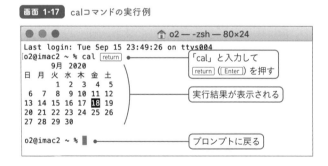

画面 1-17 calコマンドの実行例

```
○○○            ⬆ o2 — -zsh — 80×24
Last login: Tue Sep 15 23:49:26 on ttys004
o2@imac2 ~ % cal return        ●──── 「cal」と入力して
        9月 2020                       return（Enter）を押す
日 月 火 水 木 金 土
       1  2  3  4  5
 6  7  8  9 10 11 12           ●──── 実行結果が表示される
13 14 15 16 17 18 19
20 21 22 23 24 25 26
27 28 29 30

o2@imac2 ~ % ▮                 ●──── プロンプトに戻る
```

☑ ターミナルを終了する

ターミナルを終了するにはexitコマンドを実行します。

図 1-31 exitコマンドでターミナルを終了

```
o2@imac2 ~ % exit return（Enter）
```

シェルが終了し、「プロセスが完了しました」と表示されるので、ターミナルのウィンドウを閉

じます。

☑ ターミナルの基本的な使い方

続いて、目的のファイルやディレクトリまでの道筋であるパスの指定方法を説明しましょう。そのあとで、ターミナルで使用可能なコマンドをいくつか紹介していきます。

☑ 絶対パスと相対パス

パスの指定方法には「絶対パス」と「相対パス」の2種類があります。前者はファイルシステムの起点から順にたどっていく指定方法で、後者はあるディレクトリを起点にして表記する指定方法です。

macOSやLinuxなどUNIX系のOSでは、ファイルシステムの階層構造の頂点を「ルート」と呼び、「/」と表記されます。また、ディレクトリ間、およびディレクトリとファイルの間の区切りも「/」が使用されます。

macOSの場合、ユーザーのホームディレクトリは「/Users/ユーザー名」になります。したがって、ユーザー名が「o2」の場合、そのホームディレクトリの下の、Documentsディレクトリ（Finderでは「ドキュメント」フォルダ）の下の「sample.txt」ファイルは絶対パスでは次のように表せます。

図 1-32 絶対パスによる指定

ホームディレクトリからの相対パスで「sample.txt」を指定すると、次のようになります。

図 1-33 相対パスによる指定

Documents/sample.txt

✅ ディレクトリの一覧を表示するlsコマンド

macOSやLinuxなどのUNIX系のOSには標準で多くのコマンドが用意されていますが、ここでは
Pythonプログラムの実行に必要な最小限のコマンドだけを紹介しておきます。

カレントディレクトリ内のファイルの一覧を表示するにはlsコマンドを使います。プロンプトに
続いて「ls Enter」とタイプしてみましょう。ホームディレクトリの一覧が表示されます。

図 1-34 lsコマンドの実行例

```
o2@imac2 ~ % ls Enter
Desktop       Library       Pictures      sample.txt
Documents     Movies        Public
Downloads     Music         new.txt
```

✅ コマンドに引数を渡す

コマンドに渡す何らかの値のことを「引数」と呼びます。コマンドによって受け取れる引数の数
や種類が異なります。なお、コマンドと引数、および引数どうしの区切りはスペースになります。

図 1-35 引数の渡し方

コマンド名　引数1　引数2　....

たとえば、lsコマンドの引数にディレクトリを指定すると、そのディレクトリの一覧が表示され
ます。Publicディレクトリ（Finderでは「パブリック」フォルダ）の一覧を表示するには次のよ
うにします。

図 1-36 lsコマンドでディレクトリの内容を表示

```
o2@imac2 ~ % ls Public/ Enter
2020          Drop Box      photo
AllInOne.pdf  bt3.png       samples
o2@imac2 ~ %
```

✅ コマンドのオプションについて

引数の中で、コマンドに対する指令のようなものを「オプション」と呼びます。たとえばlsコマ
ンドでは、「-l」オプションを指定して実行すると、それぞれのファイルの変更日時といった詳細情
報を表示します。

図 1-37 「ls -l」コマンドで詳細情報を表示

```
o2@imac2 ~ % ls -l Public/ [Enter]
total 2536
drwxr-xr-x    3 o2    staff          102 11  3 23:56 2020
-rw-r--r--@   1 o2    staff      1208962 11 14    2013 AllInOne.pdf
drwx-wx-wx   21 o2    staff          714  7  4 00:14 Drop Box
-rw-r--r--    1 o2    staff        82922  2 23    2020 bt3.png
drwxr-xr-x    2 o2    staff           68  2 23    2020 photo
drwxr-xr-x    4 o2    staff          136 10 16    2020 samples
o2@imac2 ~ %
```

図 1-38 詳細情報の見方

先頭の「-」は通常のファイル、「d」はディレクトリであることを示す

ハードリンクの数

サイズ(ディレクトリの場合はファイルの一覧表のサイズ)

```
-rw-r--r--    1 o2    staff     82922  2 23   2020 bt3.png
```

ファイルのパーミッション(アクセス制限)　所有者　所有グループ　変更日時　ファイル名(ディレクトリ名)

☑ cdコマンドでディレクトリを移動する

カレントディレクトリ、つまり現在いるディレクトリを移動するにはcdコマンドを使います。書式は次のようになります。

図 1-39 カレントディレクトリの変更

cd 移動先のディレクトリのパス

移動先のディレクトリのパスは、相対パス、絶対パスのどちらで指定してもかまいません。現在ユーザー「o2」のホームディレクトリにいるときに、その下のDocumentsディレクトリ(Finderでは「ドキュメント」フォルダ)に移動する例を示します。

図 1-40 相対パスによる移動

```
o2@imac2 Documents % cd Documents/ [Enter]  ── 相対パスで指定
o2@imac2 Documents %   ── 「Documents」ディレクトリに移動した
```

図 1-41 絶対パスによる移動

```
o2@imac2 ~ % cd /Users/o2/Documents/ [Enter]  ── 絶対パスで指定
o2@imac2 Documents %   ── 「Documents」ディレクトリに移動した
```

> ### プロンプトに表示されるディレクトリ
>
> macOSのプロンプトには絶対パスの最後のディレクトリ名のみが表示されます。

> ### ホームディレクトリに戻る
>
> cdコマンドを引数なしで実行するとホームディレクトリに戻ります。

☑ カレントディレクトリを確認するpwdコマンド

現在、どのディレクトリにいるかはpwdコマンドを実行するとわかります。

図 1-42 pwdコマンドの実行例

```
o2@imac2 Documents % pwd  Enter
/Users/o2/Documents  ●────  カレントディレクトリが表示される
```

☑ ひとつ上のディレクトリを表す「..」

ひとつ上のディレクトリに移動するにはパスに「..」（ピリオド「.」ふたつつなげる）を指定すると簡単です。これはよく使いますので確実に覚えましょう。

たとえば、「/Users/o 2/Documents/ 」ディレクトリにいるときに、ひとつ上の 「/Users/o 2」ディレクトリに戻るにはどうしたらいいでしょう？ もちろん、「cd /Users/o 2 Enter 」のように絶対パスで指定してもいいのですが、タイプする量が多くて面倒ですね。

この場合「..」を使うと簡単に移動できます。

図 1-43 ひとつ上のディレクトリに移動

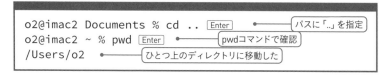

```
o2@imac2 Documents % cd ..  Enter  ●────  パスに「..」を指定
o2@imac2 ~ % pwd  Enter  ●────  pwdコマンドで確認
/Users/o2  ●────  ひとつ上のディレクトリに移動した
```

なお、上記の例では/Users/o 2はユーザー「o 2」のホームディレクトリです。実際にはcdコマンドを引数なしで実行するとホームディレクトリに戻ります。

図 1-44 「cd Enter 」でホームディレクトリに戻る

```
o2@imac2 Documents % cd  Enter       ● ─── cdコマンドを引数なしで実行
o2@imac2 ~ % pwd  Enter       ● ── pwdコマンドで確認
/Users/o2       ● ── ホームディレクトリに移動した
```

✔ スペースを含むディレクトリを指定するには

「Sample Files」のようにスペースなどの特殊記号を含むディレクトリを指定する場合には、パスをダブルクォーテーション「"」（もしくはシングルクォーテーション「'」）で囲む必要があります。たとえばホームディレクトリにいるときに、その下の「Documents」→「Sample Files」ディレクトリに移動するには次のようにします。

図 1-45 ダブルクォーテーション「"」で囲む

```
o2@imac2 ~ % cd "Documents/Sample Files"  Enter       ● ─ ダブルクォーテー
o2@imac2 Sample Files %  pwd  Enter       ● ─ pwdコマンドで確認       ション「"」で囲む
/Users/o2/Documents/Sample Files
```

あるいはスペースの前に「\」を記述します（スペースや特殊文字の前に「\」を記述して文字そのものとして扱うことを「エスケープする」といいます）。

図 1-46 スペースの前に「¥」を記述する

```
o2@imac2 ~ % cd Documents/Sample\ Files  Enter       ● ─ スペースの前に
o2@imac2 Sample Files % pwd  Enter       ● ─ pwdコマンドで確認       「\」を記述する
/Users/o2/Documents/Sample Files
```

✔ Tabキーによるディレクトリ名やファイル名の補完機能

長いディレクトリ名やファイル名を簡単に入力するには、tab による補完機能を使用すると便利です。たとえばDocumentsディレクトリを指定するには最初の数文字をタイプして tab を押します。すると「Documents/」が自動的に補完されます。

図 1-47 途中まで入力して tab を押すと補完される

```
o2@imac2 ~ % cd Doc tab              o2@imac2 ~ % cd Documents/
```
「Documents/」と補完される

なお、このとき、[tab] を押した時点で候補が複数ある場合、もう一度 [tab] を押すと候補の一覧が表示されます。たとえば、前述の例で「Do」までタイプして [tab] を2度押すと、「Do」で始まるディレクトリもしくはファイルの一覧が表示されます。

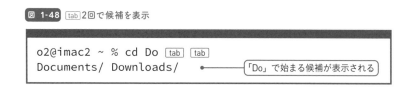

図 1-48 [tab] 2回で候補を表示

```
o2@imac2 ~ % cd Do [tab] [tab]
Documents/ Downloads/          ●──── 「Do」で始まる候補が表示される
```

ここでさらにタイプを続けて候補を絞り込み [tab] を押すと補完されます。

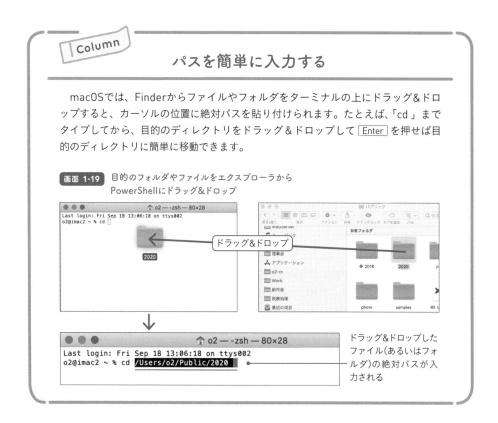

Column

パスを簡単に入力する

macOSでは、Finderからファイルやフォルダをターミナルの上にドラッグ＆ドロップすると、カーソルの位置に絶対パスを貼り付けられます。たとえば、「cd 」までタイプしてから、目的のディレクトリをドラッグ＆ドロップして [Enter] を押せば目的のディレクトリに簡単に移動できます。

画面 1-19 目的のフォルダやファイルをエクスプローラから
PowerShellにドラッグ＆ドロップ

✓ 以前に実行したコマンドを呼び出す

コマンドの履歴機能を使用すると、前に実行したコマンドを呼び出して、実行できます。ターミナルで [control]+[P]（もしくは [↑]）を押すと、コマンドをひとつずつさかのぼって表示してくれます。行き過ぎてしまった場合には、[control]+[N]（もしくは [↓]）を押すとひとつずつ戻ります。目的のコマンドが見つかったら [Enter] を押すと実行できます。もちろん修正してから実行することもできます。

図 1-49 [control] + [P] （[↑]）、[control] + [N] （[↓]）で以前に実行したコマンドを簡単に呼び出せる

✅ python3コマンドについて

ターミナルの基本的な使い方が理解できたところで、Pythonに話を戻しましょう。macOSや
UbuntuではPython 3のインタプリタは「python3」というコマンド名でインストールされてい
ます（Python 2では「python」というコマンド名でインストールされています）。

実際のPythonのインタプリタの使用方法については、P.52「1.04 Pythonをインタラクティブ
モードで実行する」以降で説明することにして、ここでは単にバージョンを表示してみましょう。
python3コマンドを引数に「--version」を指定して実行してください。インストールが正しく行
われていればバージョン番号が表示されるはずです。

図 1-50 pythonのバージョンを確認

```
o2@imac2 ~ % python3 --version Enter
Python 3.9.0
```

これ以降のmacOS / Linuxのプロンプトの表記

プロンプトに表示されるホスト名やカレントディレクトリは、使っている人の環境
によって異なるので、本書ではこれ以降、macOS / Linuxのプロンプトを単に「%」
で略記することにします。

図 1-51
プロンプトの
略記

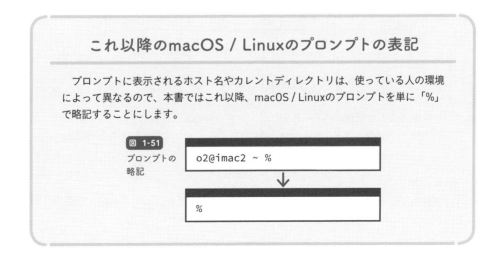

```
o2@imac2 ~ %
```
↓
```
%
```

Pythonをインタラクティブモードで実行する

Pythonには対話形式でプログラムの動きを確認できる「インタラクティブモード」が用意されています。プログラムのソースファイルを作成して実行する方法については次のChapter以降で説明することにして、まずはPythonをインタラクティブモードで実行してみましょう。

✔ インタラクティブモードで起動する

Pythonをインタラクティブモードで起動するには、コマンドラインでPythonコマンドを引数なしで実行します。デフォルトではPython 3のコマンド名は、Windowsでは「python」、macOS / Linuxでは「python3」になります。

図 **1-52** Windowsの場合

```
>python Enter
```

図 **1-53** macOS / Linuxの場合

```
% python3 Enter
```

本書のPython 3のコマンド表記

本書ではこれ以降、Python 3のコマンドの実行を、macOS / Linuxの「% python3」と表記します。Windowsの場合には「>python」と読み替えてください。

以上で、Pythonがインタラクティブモードで起動しプロンプトとして「>>>」が表示されます。

図 **1-54** インタラクティブモードで起動

```
% python3 Enter
Python 3.9.0 (v3.9.0:9cf6752276, Oct  5 2020, 11:29:23)
[Clang 6.0 (clang-600.0.57)] on darwin
Type "help", "copyright", "credits" or "license" for more
information.
>>> ●────────┤インタラクティブモードのプロンプト│
```

pythonコマンドとpython3コマンドの違いに注意

macOS / Linuxで「python Enter 」とすると、Python 2が起動してしまうので注意してください。

✔ インタラクティブモードを終了する

インタラクティブモードを終了するには、プロンプトに続いてexit()コマンドを実行します。

図 **1-55** インタラクティブモードを終了

```
>>> exit() Enter
```

✔ | 簡単な計算をしてみよう

初期のプログラミングの目的は主に複雑な技術計算を肩代わりさせることでした。Pythonのようなスクリプト言語は、そのような目的で使用されることはあまりありませんが、いろいろな計算を行ってみるのは、プログラミングの第一歩を学ぶのに最適です。

まずは、シンプルな計算を行いながらPythonに用意されているインタラクティブモードの使い方を説明しましょう。インタラクティブモードでは、計算式を入力することにより結果が表示されます。次の例を参考に簡単な足し算や引き算をしてみましょう。なお、後述するクォーテーションで囲まれた文字列以外の文字（次の例では数値や演算子）はすべて半角でタイプします。

図 1-56 足し算や引き算を実行

```
>>> 4 + 5 [Enter]          足し算
9
>>> 10 - 4 [Enter]         引き算
6
```

もちろん小数の数値の計算も行えます。

図 1-57 小数値の計算

```
>>> 24.443 - 45.45 [Enter]      小数の引き算
-21.007
```

演算記号前後のスペース

「+」や「-」などの演算記号の前後はスペースを空けてもかまいません。プログラムを記述する場合は、前後にひとつずつ半角スペースを入れて見やすくするのが一般的です。

☑ かけ算は「*」、割り算は「/」

足し算の「+」や引き算の「-」は算数の記号と同じですが、そうでない演算記号もあります。Pythonを含む多くのプログラミング言語では、かけ算の記号には「*」(アスタリスク) を使用します。また、割り算は「/」(スラッシュ) です。

図 1-58 かけ算や割り算を実行

```
>>> 9 * 4 [Enter]          かけ算
36
>>> 13 / 4 [Enter]         割り算
3.25
```

☑ 商は「//」、余りは「%」

整数どうしの計算の場合、割り算の商は「//」(スラッシュ「/」をふたつつなげる)、余りは「%」で求めることができます。

図 1-59 割り算の商や余りを求める

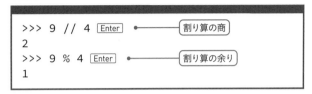

☑ べき乗は「**」

べき乗は「**」(アスタリスク「*」をふたつつなげる)で計算できます。たとえば、3の4乗は次のように計算できます。

図 1-60 べき乗の計算

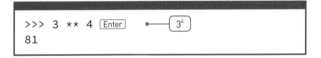

☑ 基本的な算術演算子の種類

次の表に、Pythonに用意されている算術演算で使用する基本的な演算子をまとめておきます。

表1-X 基本的な演算子

演算子	意味	例	説明
+	足し算	a + b	aとbを足した値を求める
−	引き算	a − b	aからbを引いた値を求める
*	かけ算	a * b	aとbをかけた値を求める
/	割り算	a / b	aをbで割った値を求める
//	商	a // b	aをbで割った商を求める
%	余り	a % b	aをbで割った余りを求める
**	べき乗	a ** b	aのb乗を求める

✔ 演算の優先順位

演算子には優先順位があります。算数の時間に習った、かけ算・割り算は、足し算・引き算より優先されるといったルールと同じですね。次の例を見てみましょう。

図 **1-61** 演算子の優先順位

```
>>> 1 + 4 * 5 Enter      ●───「4 * 5」が優先される
21
```

この場合、かけ算の「4 * 5」がまず計算されて「20」となり、そのあとで「1 + 20」が計算されるため、結果は「21」となります。

優先順位を変更するには算数と同じく「( )」使用します。「( )」で囲った部分が優先されるわけです。上記の例で「1 + 4」をまず計算するには、その部分を「( )」で囲みます。

図 **1-62** ( )でくくって優先順位を変更

```
>>> (1 + 4) * 5 Enter      ●───「1 + 4」が優先される
25
```

✔ 引数を表示するprint()関数

たいていのプログラミング言語には、与えられた値に対して処理を行い結果を戻す「関数」という機能が用意されています。関数に与える何らかのデータを「引数」、その結果として戻される値のことを「戻り値」といいます。

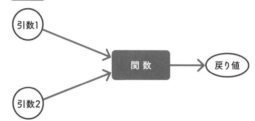

図 **1-63** 引数を受け取って値を戻す

56

関数を呼び出すには、関数名のあとに括弧で引数を指定します。

図 **1-64** 関数の呼び出し

関数名（引数）

Pythonの標準ライブラリには多くの便利な関数が「組み込み関数」として用意されています。組み込み関数を使用するユーザーは、どのような引数を与えると、どのような結果を戻すのかを知っておくだけでよく、関数の中身そのものはブラックボックスのように考えてかまいません。

☑ print()関数を使用する

ここでは組み込み関数の例として、最も使用頻度の高いprint()関数を紹介します。print()関数は戻り値のない関数で、引数として与えられた値をそのままま画面に表示します。

インタラクティブモードで、「2020」といった数値を引数に、print()関数を実行してみましょう。

図 **1-65** 数値を引数にしてprint()関数を実行

```
>>> print(2020) Enter
2020
```

上記のように引数の「2020」がそのまま表示されます。

なお、引数には計算式を渡すこともできます。たとえば「2020 + 9」を引数にして実行するとその計算結果の「2029」が表示されます。

図 **1-66** 計算式を引数にしてprint()関数を実行

```
>>> print(2020 + 9) Enter
2029
```

プログラムの実行結果の表示

前述のようにインタラクティブモードでは、値や計算式を入力して Enter を押すと結果が表示されますが、実際のプログラムではprint()関数を使用しないと画面に表示されません。

✔ 複数の引数を渡すには

関数によっては、複数の引数を取れるものもあります。その場合、引数をカンマ「,」で区切って指定します。

図 1-67 複数の引数を渡す

関数名（引数1，引数2，....）

前述のprint()関数も、任意の数の複数を取れます。たとえば、print()関数に「2020」「3」「4」の3つの引数を与えて実行するには次のようにします。結果は引数がスペースで区切られて表示されます。

図 1-68 print()関数に3つの引数を渡す

```
>>> print(2020, 3, 4) [Enter]
2020 3 4
```

なお、関数に複数の引数を記述する場合にはカンマ「,」のうしろに半角スペースをひとつ空けると見やすくなります。

図 1-69 カンマ「,」のうしろに半角スペースを入れると見やすい

print(2020, 3, 4)
半角スペース

インタラクティブモードでも履歴機能を使用できる

コマンドラインと同じくインタラクティブモードでも履歴機能が使用できます。
↑↓で前後のコマンドを表示できます。

✔ 文字列はダブルクォーテーション「"」で囲む

さて、プログラムでは文字の並びである文字列の処理もしばしば行われます。Python 3では、日本語の文字列の処理も問題なく行えます。

Pythonでは、プログラム内に文字列を記述する場合には全体をダブルクォーテーション「"」も

しくはシングルクォーテーション「'」で囲みます。両端のクォーテーションは同じでなければなりません。

図 1-70 ダブルクォーテーション「"」で囲む

"こんにちはPython"

もしくは

図 1-71 シングルクォーテーション「'」で囲む

'こんにちはPython'

print()関数の引数に文字列を渡してみましょう。

図 1-72 print()関数の引数に文字列を渡す

```
>>> print("こんにちはPython") Enter
こんにちはPython
```

引数として与えられた文字列がそのまま画面に表示されます。

☑ 「＋」演算子で文字列を連結する

さて、数値の足し算に使った「+」演算子を文字列に対して使用すると、文字列を連結することができます。

図 1-73 「+」演算子で文字列を連結

"こんにちは" + "Python" → "こんにちはPython"

"こんにちは"と"Python"を連結してprint()関数で表示するには次のようにします。

図 1-74 Windowsの場合

```
>>> print("こんにちは" + "Python") Enter
こんにちはPython
```

☑ 「*」演算子で文字列を繰り返す

「*」演算子は数値ではかけ算ですが、文字列に使用すると文字列を指定した回数繰り返すことができます。たとえば、アスタリスク「*」を20個表示するには次のようにします。

図 1-75 「*」演算子で文字列を繰り返す

```
>>> print("*" * 20) Enter
********************
```

☑ 数値と文字例では型が異なる

なお、プログラミング言語では個々のデータごとにその種類を示す「型」(Type) があります。たとえば数値は数値型、文字列は文字列型になります。このとき、数値型と文字列型という異なる型の値どうしに「+」演算子を使用するとエラーになります。

次に、「2020」と「"年"」を「+」演算子で接続してprint()関数で出力しようとした例を示します。

図 1-76 print()関数で、異なる型の値に「+」演算子を
使用するとエラーになる

```
>>> print(2020 + "年") Enter
Traceback (most recent call last):
  File "<stdin>", line 1, in <module>
TypeError: unsupported operand type(s) for +: 'int' and 'str' ❶
```

❶の「TypeError」というのが型のエラーが発生したことを示しています。その内容は「int」(整数) と「str」(文字列) を「+」演算子で接続できないというものです。

前述の例を変更し、「2020」という数値を、ダブルクォーテーション「"」で囲って「"2020"」として「+」演算子を使用すると文字列どうしの連結となります。

図 1-77 数値をダブルクォーテーション「"」で囲って文字列どうしの連結にすればOK

```
>>> print("2020" + "年") Enter     ━━ 文字列どうしの接続
2020年
```

このように、見た目は同じ「2020」であっても、コンピュータの内部では数値と文字列は扱いがまるで異なるという点に注意してください。

図 1-78 数値と文字列

2020   "2020"

数値   文字列

型が異なるデータの扱いは言語によって異なる

型が異なるデータの扱いはプログラミング言語によって異なります。たとえば、JavaScriptでは文字列と数値を連結すると数値が文字列に自動変換され、文字列どうしの連結となります。

図 1-79 JavaScriptの場合

2020 + "年" ●──── JavaScriptではOKで「"2020年"」になる

それに対して、Pythonは型に厳格な言語です。文字列と数値をそのまま連結することはできません。

☑ 数値を文字列に変換するstr()関数

数値と文字列は関数を使用することにより相互変換可能です。たとえば、数値を文字列に変換するには、str()組み込み関数を使用します。

図 1-80 str()関数

str(**数値**)

数値を文字列に変換して戻す

たとえば、str()関数に数値の「2020」を引数として渡すと文字列の「"2020"」が戻されます。

図 1-81 数値の「2020」を文字列の「2020」に変換

2020 ──→ str()関数 ──→ "2020"

数値   文字列

str()関数を使用して「2020」という数値を文字列に変換して「"年"」と接続し、print()関数で表示するには次のようにします。

図 1-82 str()関数で数値を
文字列に変換

```
>>> print(str(2020) + "年") [Enter]
2020年
```

✔ 高水準言語のソースファイルをオブジェクトに変換する方式には
インタプリタ方式とコンパイラ方式があります

✔ Pythonはオブジェクト指向のスクリプト言語です

✔ Pythonにはバージョン2系とバージョン3系がありますが、
本書で解説するのはバージョン3系です

✔ Pythonプログラムを実行するためには
コマンドラインの基本的な使い方を覚えておきましょう

✔ インタラクティブモードを使用すると
Pythonのコマンドを簡単に試すことができます

✔ Python 3のコマンドは、Windowsでは「python」、
macOS/Linuxでは「python3」になります

✔ 足し算は「＋」、引き算は「－」、かけ算は「*」、割り算は「/」、
余りは「%」、商は「//」、べき乗は「**」を使用します

✔ 文字列は文字列型、数値は数値型といったように、
それぞれの値には型があります

✔ 「＋」演算子を使用すると文字列を連結できます

✔ 処理をまとめて名前で呼び出せるようにしたものを「関数」と呼びます

✔ 関数に渡す値を引数、関数が結果として戻す値を「戻り値」といいます

✔ print()関数を使用すると引数の値を画面に表示できます

✔ 数値を文字列に変換するにはstr()関数を使用します

練 習 問 題

A 次の文が正しい場合は○、間違っている場合は×を記入してください。

( ) 機械語のプログラムは人間にとって理解しやすい

( ) コンピュータは高水準言語で記述されたプログラムを直接実行できる

( ) Pythonはコンパイラ方式の言語である

( ) インタプリタ方式の言語を実行するにはコンパイラが必要である

( ) インタプリタ方式と比較すると、たいていの場合コンパイラ方式のほうが
実行速度が速い

( ) クラスに用意された処理のことをメソッドと呼ぶ

B 四則演算に使用するPythonの演算子を答えてください。

足し算（ ）

引き算 （ ）

かけ算 （ ）

割り算 （ ）

C Pythonをインタラクティブモードで起動し、999を55で割った余りをprint()関数で
表示してください。

D インタラクティブモードで、計算式「1988 + 32」の結果を使用して「西暦2020年」と
表示するために空欄 ⬚1 ⬚2 に適切なものを記述してください。

```
>>> print("西暦" + ▢1 (1988 + 32) ▢2 "年")
```

CHAPTER

2 » Pythonの基礎を学ぼう

さて、このChapterからが本番です。
実際に簡単なソースプログラムを作成し、
それを実行しながら、
Pythonプログラミングの基礎について
学んでいきましょう。

CHAPTER 2 - 01 | Pythonプログラムを作成してみよう

CHAPTER 2 - 02 | 変数の取り扱いを理解しよう

CHAPTER 2 - 03 | いろいろな組み込み型

CHAPTER 2 - 04 | モジュールをインポートして
クラスや関数を利用する

これから学ぶこと

✔ Pythonのソースファイルを作成し、
　実行する方法を学びます

✔ 値を名前でアクセスできるようにする
　変数の取り扱いについて学びます

✔ 文字列、数値、リスト、タプルといった
　データ型について理解します

✔ 標準ライブラリに用意されている
　便利なモジュールの使い方を覚えます

✔ クラスからインスタンスを作成し
　メソッドを実行する方法を学びます

イラスト 2-1 変数や関数の使い方をマスターしよう

いよいよPythonのソースプログラムを作成して動かしてみましょう。Pythonにはいろいろなデータ型が用意されています。データは変数に格納しておくと、何度でも使い回せますし、変更も簡単です。標準ライブラリにモジュールとして用意されている便利なクラスや関数も使ってみましょう。

CHAPTER 2

01

Pythonプログラムを
作成してみよう

P.52「1.04 Pythonをインタラクティブモードで実行する」で紹介したインタラクティブモードは、ちょっとしたプログラムの動きを試したりするのに便利なので、本書ではこれからも何度も登場します。この節では、実際にPythonのソースプログラムを作成して、それをPythonインタプリタで実行する方法について説明しましょう。

✔ Pythonプログラムの作成から実行まで

次に、Pythonのソースプログラムの作成から実行までの基本的な流れを示します。

（1）エディタでPythonのソースファイルを記述します。
（2）Pythonのソースファイルの拡張子は「.py」とします。
（3）pythonコマンド（もしくはpython 3 コマンドで）実行します。

pythonコマンド（もしくはpython 3 コマンド）にソースファイルのパスを指定して実行します。すると、Pythonインタプリタが起動して、ソースファイルに記述されたプログラムが実行されます。

図 2-1 Windowsの場合

```
>python ファイルのパス [Enter]
```

図 2-2 macOS / Linuxの場合

```
% python3 ファイルのパス [Enter]
```

インタラクティブモードと同じようにソースプログラムの内容に不具合がある場合には、実行時にエラーメッセージが表示されます。その場合、手順（1）に戻りエディタで修正してから再実行します。なお、プログラムの不具合のことを「バグ」と呼びます。またバグを修正していく作業のことを「デバッグ」と呼びます。

はじめてのPythonプログラム

それでは、実際にプログラムをソースファイルに記述して、実行してみましょう。手始めに、画面に「ようこそPythonの世界へ」とだけ表示する単純なプログラムを作成してみましょう。

Pythonのソースファイルの拡張子は「.py」です。エディタで次のような1行だけのテキストファイルを作成し「hello1.py」という名前で保存します。文字エンコーディング（文字コード）はUTF-8にしてください。

LIST 2-1 Pythonプログラムの例（hello1.py） 📂

```
print("ようこそPythonの世界へ")  ●──────❶
```

プログラムの中身は、❶でprint()関数の引数に文字列「"ようこそPythonの世界へ"」を渡しているだけのシンプルなものです。WindowsではPowerShell、macOS / Linuxではターミナルを開いて、保存先のディレクトリに移動し、次のようにして実行してみましょう。

図 2-3 Windowsの場合

```
>python hello1.py [Enter]
ようこそPythonの世界へ
```

図 2-4 macOS / Linuxの場合

```
% python3 hello1.py [Enter]
ようこそPythonの世界へ
```

画面に「ようこそPythonの世界へ」と表示されます。

本書の表記

本書ではこれ以降macOS / Linuxの形式で実行例を示します。

✔ Pythonのソースファイルの基本を理解しよう

前述のhello1.pyは、単にprint()関数で文字列をひとつ表示しているだけのものでした。もう少し本格的なプログラム例を示しながら、Pythonのソースファイルの記述方法について説明していきます。まずは、次のように画面に表示するプログラムを作成してみましょう。

図 2-5 macOS / Linuxの場合

```
西暦2021年は
令和3年です
```

次にリストを示します。

LIST 2-2 show_year1.py 📂

```
print("西暦" + str(2021) + "年は")              ●❶
print("令和" + str(2021 - 2018) + "年です")      ●❷
```

❶では、「数値を文字列に変換するstr()関数」(P.61)で説明した、数値を文字列に変換するstr()関数を使用して数値「2021」を文字列に変換し、「+」演算子で前後に「"西暦"」と「"年は"」を連結しています。

❷では、「2021 - 2018」で西暦の年を令和の年に変換し、さらにstr()関数で文字列に変換して、「+」演算子で前後に「"令和"」と「"年です"」を連結しています。

次に、実行結果を示します。

図 2-6 実行結果

ここでは、プログラムにおけるそれぞれの命令のことを「ステートメント」と呼びます。ステートメントとは日本語では「文」のことですね。Pythonでは、単純な命令は行の終わりでステートメントの終わりを判断します。

✔ ステートメントについて

さて、プログラムにおけるそれぞれの命令のことを「ステートメント」と呼びます。ステートメントとは日本語では「文」のことですね。Pythonでは、単純な命令は行の終わりでステートメントの終わりを判断します。

LIST 2-3 ステートメント

```
print("ようこそ") ●―――――――――――――――――――――――――――[ステートメント]
print("Pythonの世界へ") ●――――――――――――――――――[ステートメント]
```

ただし、あまりオススメはしませんが、1行に複数のステートメントを記述することもできます。それには、前方のステートメントの最後にセミコロン「;」を記述します。

LIST 2-4 1行に複数のステートメントを記述

```
print("ようこそ"); print("Pythonの世界へ")
```
　　　　　　└―――[前のステートメントの終わりにセミコロン「;」]

☑ print()関数で改行しないようにするには

図 2-6 のshow_year1.pyの実行結果を見るとわかるように、print()関数が実行されると引数を表示したあとに改行されています。

図 2-7 引数を表示したあとに改行されている

```
西暦2021年は ↵ ●―――――[print("西暦" + str(2021) + "年は")]
令和3年です ↵ ●―――――[print("令和" + str(2021 - 2018) + "年です")]
```

※ ↵ は改行されることを示します。

改行しないようにするには、print()関数の最後の引数として「end=""」を追加します。

図 2-8 print()関数で改行しないようにする

print(引数1, 引数2, ..., end="")

次に、show_year1.pyを変更し、最初のprint()関数で改行しないようにした例を示します。

LIST 2-5 show_year2.py 📁

```
print("西暦" + str(2021) + "年は", end="") ●――――❶
print("令和" + str(2021 - 2018) + "年です")
```

❶で、print()関数の最後の引数として「end=""」を追加しています。

図 2-9 実行結果

```
% python3 show_year2.py Enter
西暦2021年は令和3年です
```

キーワード引数

「end=""」のように「キーワード=値」の形式の引数は「キーワード引数」と呼ばれるタイプの引数です。「引数をキーワード指定する」(P.236) で解説します。

☑ 複数行の文字列を記述するには

文字列を、3重のクォーテーション、「"""」(ダブルクォーテーション「"」3つ) もしくは「'''」(シングルクォーテーション「'」3つ) で囲むことによって、途中に改行を含む複数行の文字列を記述できます。次の例を見てみましょう。

LIST 2-6 triple_quote1.py 📁

```
print("""こんにちは
Pythonの世界へ
ようこそ""")    ❶
```

この場合、❶の3行でひとつのステートメントとみなされます。

図 2-10 実行結果

```
% python3 triple_quote1.py Enter
こんにちは
Pythonの世界へ
ようこそ
```

✓ コメントについて

プログラム内に記述した注釈を「コメント」と呼びます。コメントは実行時には無視されます。Pythonでは「#」以降から行末までがコメントになります。

LIST 2-7 comment1.py 📁

```
# コメント1          ●❶
print("Python入門") # コメント2      ●❷
```

❶では行全体がコメント、❷ではprint()関数のうしろの「#」以降の部分がコメントになります。

✓ 複数行にわたるコメントは？

Pythonには、ほかの言語のように複数行にわたる形式のコメントは用意されていません。ただし3重のクォーテーションで囲むことによって複数行の文字列を記述し、それをコメントのように扱うことができます。

LIST 2-8 comment2.py 📁

```
""" 複数行の文字列を        ●❶
コメントのように
扱うことができます """
```

❶はPythonの文字列ですが、前ページ LIST 2-6 triple_quote1.pyのように、それをprint()関数の引数にしているわけではないため、実行時には無視されます。

じつは、Pythonではソースプログラム内の行に、文字列や数値の値、あるいは計算式のみを記述しても文法的には誤りではありません。したがって、次の例のようなステートメントも記述可能です。

LIST 2-9 comment3.py 📁

```
"文字列"
3 + 4        実行時には無視される
105
print("Python入門")    ●   実行される
```

ただし、インタラクティブモードの場合には、値をタイプして Enter を押すと、それがそのまま表示されます。また、計算式の場合には計算結果が表示されます。

図 2-11 インタラクティブモード

```
>>> "hello" [Enter]
'hello'
>>> 3 + 5 [Enter]
8
```

　なお、インタラクティブモードでは、複数行の文字列のように行が継続する場合にはプロンプトが「...」に変わります。また、結果は改行コード部分が「\n」（WindowsのPowerShellでは「¥n」）で表示されます。

図 2-12 インタラクティブモードでの複数行表示

```
>>> """こんにちは [Enter]
... Pythonの [Enter]  ●─────[プロンプトが「...」に変わる]
... 世界へようこそ""" [Enter]
'こんにちは\nPythonの\n世界へようこそ'
```

変数の取り扱いを理解しよう

CHAPTER 2

02

Pythonに限らずプログラミングに欠かせない存在が、任意の値を名前でアクセスできるようにした「変数」です。この節では変数の基本的な操作について説明しましょう。

☑ 変数とは？

プログラミング言語における変数とは、何らかの値を格納する領域です。変数には「変数名」と呼ばれる重複のない名前でアクセスすることができます。

☑ 値に変数名を設定する

Pythonでは、変数名は値に付けたラベルのようなものというイメージでとらえるとよいでしょう。旧式のプログラミング言語では変数名に1文字しか使用できないものもありましたが、最近のプログラミング言語では複数の文字を使用した、よりわかりやすい名前を付けるのが一般的です。

何らかの値に変数名を割り当てるための書式は次のようになります。

図 2-13 値に変数名を設定

変数名 = 値

たとえば、自分の名前を管理する「name」という名前の変数を用意したいとします。「"山田太郎"」という文字列を「name」という変数名に設定するには次のようにします。

LIST 2-10 文字列「"山田太郎"」を「name」という変数名に設定

```
name = "山田太郎"
```

これは「name」という名前の付いた箱に「"山田太郎"」という値が入っているように思えるかもしれません。実際、プログラムの解説書などでは「変数nameに"山田太郎"という値を代入（あるいは格納する）する」といった言い方も多用されます。

ただし、Pythonのようなオブジェクト指向言語では、変数には値そのものではなく、「リファレンス（参照）」と呼ばれるオブジェクトの場所を指し示す値が格納されます。

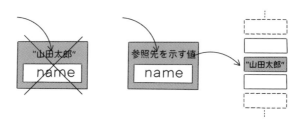

図 2-14 変数には値そのものではなく
オブジェクトの場所を指し示す値が
格納される

そのため、「"山田太郎"」という文字列に「name」というタグを設定したといったイメージでとらえると、実際のオブジェクトの動作がイメージしやすくなります。

図 2-15 変数名のnameは
「"山田太郎"」という文字列に
付けられたタグのようなもの

本書でも便宜上「変数に値を代入する／格納する」といった記述を使用しますが、実際には変数名は値に設定したタグのようなものであるということを頭に入れておいてください。

✔ 変数から値を取り出す

変数から値を取り出すには変数名をそのまま記述します。たとえばprint()関数で変数の値を表示するには引数に変数名を指定します。

図 2-16 print()関数で変数の値を表示する

print(変数名)

次に、インタラクティブモードで変数nameに値を代入し、それをprint()関数で表示する例を示します。

図 2-17 変数nameに文字列を代入、print()関数で表示

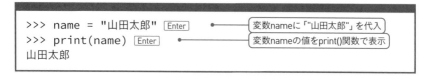

もちろん、変数には文字列だけでなく、数値を代入することもできます。変数ageに「40」を代入して、print()関数で表示するには次のようにします。

図 2-18 変数nameに数値を代入、print()関数で表示

```
>>> age = 40 [Enter]
>>> print(age) [Enter]
40
```

✔ インタラクティブモードで変数の値を簡単に確認するには

インタラクティブモードでは、変数の値を表示するにはprint()関数を使用せずに、変数名を記述して [Enter] を押すだけでかまいません。

このとき、値の型をわかりやすくするために、文字列の場合にはシングルクォーテーション「'」で囲まれて表示されます。

図 2-19 変数の値を確認

```
>>> birth_year = "1959" [Enter]    ●── 文字列を代入
>>> age = 56 [Enter]               ●── 数値を代入
>>> birth_year [Enter]             ●── 変数名をタイプして [Enter] を押す
'1959'                             ●── 文字列はシングルクォーテーション「'」で囲まれて表示される
>>> age [Enter]                    ●── 変数名をタイプして [Enter] を押す
56                                 ●── 数値はそのまま表示される
```

✔ 変数を使用する前に宣言は必要ない？

ほかのプログラミング言語の経験者は、「変数を使う前に宣言しておく必要はないの？」と思うかもしれません。たとえば、Java言語の場合、文字列（String型）の「name」という変数を使用する前に次のような宣言が必要です。

図 2-20 Java言語では使用する前に
宣言が必要

```
String name;        ●── 変数nameを宣言
name = "山田太郎";    ●── nameに値を代入
```

それに対してPythonのようなスクリプト言語では、利便性を考慮して、宣言なしで変数を使用できます。ただし、値を設定していない変数から値を取り出すことはできません。

次の例は、値が設定されていない「hello」という変数を表示しようとしています。これを実行すると次のようなエラーとなります。

図 **2-21** 値が設定されていない変数「hello」を表示しようとするとエラーになる

```
>>> hello  Enter
Traceback (most recent call last):
  File "<stdin>", line 1, in <module>
NameError: name 'hello' is not defined  ●———————❶
```

❶のNameErrorは、変数名「hello」が宣言されていないというエラーです。

| Column

変数名の付け方

Pythonの変数名には、半角のアルファベット、数字、アンダースコア「_」が使用できます。このとき最初の文字は数字以外である必要があります。また、以下のPythonのキーワードを変数名とすることはできません。

図 **2-22** Pythonのキーワード

```
False     class      finally    is        return
None      continue   for        lambda    try
True      def        from       nonlocal  while
and       del        global     not       with
as        elif       if         or        yield
assert    else       import     pass
break     except     in         raise
```

なお、多くのプログラマが参考にしているGoogle社のPythonスタイルガイド（Google Python Style Guide）では、通常の変数名は、アルファベットの大文字を使用せず、複数の単語から構成される場合にはアンダースコア「_」で接続することが推奨されています。

図 **2-23** 変数名の例

```
name
office335
sample_color
sweet_room_price
```

✔ 同じ値に複数の変数名を設定する

同じ値に複数の変数名を設定することもできます。言い換えると、同じ値に複数の別のタグを設定することができます。次の例を見てみましょう。

LIST 2-11 　同じ値に複数の変数を設定

```
year1 = 2021        ──────❶
year2 = year1       ──❷
```

❶では、変数year1に2021を代入しています。❷では変数year2に変数year1の値を代入しています。これで、「2021」という値には「year1」と「year2」というふたつのタグが設定され、どちらの名前でもアクセスできます。

図 2-24 「2021」という値に
変数「year1」と「year2」という
ふたつのタグが設定されている

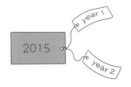

インタラクティブモードで試してみましょう。

図 2-25 インタラクティブモードで確認

```
>>> year1 = 2021 [Enter]
>>> year2 = year1 [Enter]
>>> print(year1) [Enter]
2021
>>> print(year2) [Enter]
2021
```

✔ 変数を使用して計算をする

「簡単な計算をしてみよう」（P.53）では、演算子を使用した数値の計算について説明しました。ここでは、変数を使用して数値の計算を行う方法について説明しましょう。

✔ 変数の値を使用して計算する

数値型の変数の場合、「基本的な算術演算子の種類」（P.55）で使用した演算子で算術演算が行えます。

インタラクティブモードで試してみましょう。次の例は変数this_yearの値に1を足し、変数next_yearに代入しています。

図 2-26 変数this_yearの値に1を足し、変数next_yearに代入

```
>>> this_year = 2021 [Enter]
>>> next_year = this_year + 1 [Enter]
>>> next_year [Enter]
2022
```

次の例は、ドルの金額（変数dollar）と為替レート（変数rate）の値から、円の金額を計算し変数yenに代入しています。

図 2-27 変数dollarと変数rateから円を計算し変数yenに代入

```
>>> dollar = 3 [Enter]
>>> rate = 105 [Enter]
>>> yen = dollar * rate [Enter]    ●──  dollarの値にrateの値を
>>> yen [Enter]                          かけて変数yenに代入
315
```

✔ 便利な代入演算子

計算結果を同じ変数に代入することもできます。次の例では、変数numの値に5を足して、その結果を再び変数numに代入しています。つまり変数numの値を5だけ増加させています。

図 2-28 計算結果を同じ変数に代入

```
>>> num = 10 [Enter]     ●──  変数numに10を代入
>>> num = num + 5 [Enter]  ●──  変数numの値に5を足して
>>> num [Enter]                  変数numに代入
15
```

このように、ある変数に対して四則演算などの演算を行って、それを元の変数に代入するという処理はよく行われます。そのため、そのような処理を簡潔に記述できる「代入演算子」と呼ばれる演算子が用意されています。

表2-1 代入演算子の例

代入演算子	例	説明
+=	a += b	a = a + bと同じ
-=	a -= b	a = a - bと同じ
*=	a *= b	a = a * bと同じ
/=	a /= b	a = a / bと同じ

　たとえば、前述のある変数の値に5を足して元の変数に格納するという処理は「+=」を使用することができます。

図 2-29 「+=」の使用例

```
>>> num = 10  [Enter]
>>> num += 5  [Enter]  ●————[ 変数numの値を5増やす ]
>>> num  [Enter]
15
```

| Column

Pythonには「++」「--」演算子はない

　Pythonには、多くの言語に用意されている「++」「--」といった変数の値を1だけ足す、あるいは1だけ引くための演算子は用意されていません。たとえば、JavaScriptなどでは変数numの値を1増やす処理は次のように記述できます。

LIST 2-12 「++」演算子（Pythonでは使えない）

```
++num  ●————[ JavaScriptなど ]
```

Pythonでは「+=」演算子を使用して次のように記述します。

LIST 2-13 Pythonでの記述

```
num += 1
```

よく使う値を変数にするとより便利に

変数を使用する一番のメリットは、プログラム内で同じ値を何度も使い回せることです。LIST 2-5 (P.69) のshow_year2.pyをもう一度見てみましょう。

LIST 2-14 show_year2.py (P.69)

```
print("西暦" + str(2021) + "年は", end="")    ❶
print("令和" + str(2021 - 2018) + "年です")   ❷
```

西暦の年を直接指定

このプログラムは西暦の年から令和の年を計算し「西暦2021年は令和3年です」と表示するものです。❶❷ともに西暦の年を「2021」という数値を直接指定しています。

次のように「2021」にyearといった変数名を設定して使い回せば、どちらかのprint()関数の引数を2022にしてしまったといったミスが防げるわけです。

LIST 2-15 show_year3.py

```
year = 2021    ❶
print("西暦" + str(year) + "年は", end="")    ❷
print("令和" + str(year - 2018) + "年です")   ❸
```

❶で変数yearに2021を代入し、❷❸でその値を使用しています。もちろん、実行結果は変わりません。

図 2-30 実行結果

```
西暦2021年は令和3年です
```

値の変更も簡単

値を変更したいといった場合も簡単です、「2021」を「2022」に変更したい場合には、❶の部分を次のように変更するだけでOKです。

LIST 2-16 変数の値を変更

```
year = 2022
```

✔ 標準体重計算プログラムを作成する

ここまでのまとめとして、変数heightに格納された身長（cm）から標準体重を求めるプログラムを作成してみましょう。ここでは標準体重を次の計算式で求めています。

図 2-31 標準体重の計算式

$$標準体重 \ = \ bmi \ \times \ 身長(m)^2$$

bmiとは「Body Mass Index：体格指数」の略で「22」が基準値とされています。
次にリストを示します。

LIST 2-17 std_weight1.py 📁

```
height = 180          ①
bmi = 22              ②
std_weight = bmi * (height / 100) ** 2          ③
print("身長: " + str(height) + "cm → ", end="")
print("標準体重: " + str(std_weight) + "kg")
```

①で変数heightに身長（cm）の値として180を、②で変数bmiに22を格納しています。③で標準体重を計算しています。このとき身長（cm）を100で割って、身長（m）に変換している点、および「**」で2乗を計算している点に注意してください。
③は次のようにしても同じです。

LIST 2-18 ③の書き換え

```
std_weight = bmi * height / 100 * height / 100
```

実行すると次のようになります。

図 2-32 実行結果

```
% python3 std_weight1.py Enter
身長: 180cm → 標準体重: 71.28kg
```

✔ キーボードから値を入力するには

LIST 2-17 (P.81) の「std_weight1.py」では、身長や体格指数の値をプログラム内に数値や文字列を直接記述していました。これをプログラムの実行中にキーボードから入力させることもできます。それにはinput()組み込み関数を利用します。

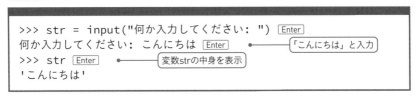

図 2-33 input()関数

input([プロンプト])

ユーザーが入力した文字列を戻す

※ [ ]は引数がなくても
　かまわないことを表します。

input()関数は、引数で指定した文字列をプロンプトとして表示します。ユーザーがキーボードから文字列をタイプし Enter を押すとそれを文字列として戻します。

まずは、インタラクティブモードで試してみるとよいでしょう。

図 2-34 インタラクティブモードで確認

```
>>> str = input("何か入力してください: ") Enter
何か入力してください: こんにちは Enter    ●━━「こんにちは」と入力
>>> str Enter    ●━━ 変数strの中身を表示
'こんにちは'
```

なお、input()関数の戻り値は文字列です。小数を含む数値として扱うにはfloat()組み込み関数を使用して、数値に変換する必要があります。

図 2-35 float()関数

float(数値を表す文字列)

文字列を数値にして戻す

インタラクティブモードで試してみましょう。数値に変換できない場合にはエラーになります。

図 2-36 インタラクティブモードで確認

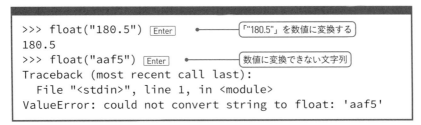

```
>>> float("180.5") Enter    ●━━「"180.5"」を数値に変換する
180.5
>>> float("aaf5") Enter    ●━━ 数値に変換できない文字列
Traceback (most recent call last):
  File "<stdin>", line 1, in <module>
ValueError: could not convert string to float: 'aaf5'
```

☑ 身長をキーボードから入力する

以上のことをもとに、標準体重計算プログラム「std_weight1.py」の身長をキーボードから入力するように変更した例を示します。

LIST 2-19 std_weight2.py 📁

```
height = float(input("身長(cm)を入力してください: "))  ────①
bmi = 22
std_weight = bmi * (height / 100) ** 2
print("身長: " + str(height) + "cm → ", end="")
print("標準体重: " + str(std_weight) + "kg")
```

①のinput()関数でキーボードから身長を文字列として入力して、float()関数で数値に変換しています。この例ではinput()関数をfloat()関数の引数にしてひとつのステートメントとしていますが、これは次のようにふたつのステートメントとして記述したのと同じです。

LIST 2-20 ふたつのステートメントに分ける

```
height = float(input("身長(cm)を入力してください: "))
```
↓
```
height_str = input("身長(cm)を入力してください: ")
height = float(height_str)
```

次に実行結果を示します。

図 2-37 実行結果

```
% python3 std_weight2.py [Enter]
身長(cm)を入力してください: 180 [Enter]  ────[身長を入力]
身長: 180.0cm → 標準体重: 71.28kg
```

CHAPTER 2

03

いろいろな組み込み型

文字列や数値といったように、それぞれのデータには型（Type）があります。
この節では、標準ライブラリに組み込まれているデータ型である組み込み型の
取り扱いを紹介していきましょう。

☑ 数値型について

　数値型は、数を表すのに使用されるデータ型です。Pythonの数値型は、整数型（int）と、浮動
小数点型（float）と、複素数型（complex）の3種類がありますが、通常は、整数型と浮動小数
点型を覚えておけばよいでしょう。

表2-2 数値型

型	クラス	説明	例
整数型	int	整数値を管理するためのデータ型	5、100、-10
浮動小数点型	float	小数を管理するデータ型	3.14、-9.5、30.4545

　整数型は整数値のみを扱えます。小数は浮動小数点型（P.89「浮動小数点形式とは」参照）とな
ります。なお、Pythonでは数値もオブジェクトです。「オブジェクトはクラスをもとに生成される」
（P.19）で説明したようにオブジェクトを生成するひな形を「クラス」と呼びますが、整数型はint
クラスのインスタンス、浮動小数点型はfloatクラスのインスタンスです。

☑ 型を調べるtype()関数

ここで、データの型を調べるtype()関数を紹介しておきましょう。

図 2-38 type()関数

type(値)

値の型（クラス名）を戻す

インタラクティブモードで適当な数値を引数にtype()関数を実行してみましょう。次に、整数、小数、文字列を引数に実行した例を示します。

図 2-39 インタラクティブモードで確認

```
>>> type(3) Enter          ●─────[整数型]
<class 'int'>
>>> type(3.14) Enter       ●─────[浮動小数点型]
<class 'float'>
>>> type("こんにちは") Enter   ●─────[文字列]
<class 'str'>
```

結果を見ると、整数値はintクラス、小数はfloatクラス、文字列はstrクラスのインスタンスであることがわかります。上記の例では値を直接type()関数の引数にしていますが、変数を引数にしてもかまいません。

図 2-40 引数に変数を指定

```
>>> num = 45 Enter
>>> type(num) Enter      ●─────[変数を引数に指定して実行]
<class 'int'>
```

✔ 数値型の計算では型が変化することがある

数値型の値どうしを演算すると、型が変化することがあります。たとえば、整数型（int）と浮動小数点型（float）の値どうしを演算すると結果は浮動小数点型（float）となります。

図 2-41 整数型（int）と浮動小数点型（float）の値の計算

```
>>> n = 9 + 1.1 Enter     ●─────[整数型と浮動小数点型の値を足し算]
>>> n Enter
10.1        ●─────[値は10.1]
>>> type(n) Enter
<class 'float'>    ●─────[型はfloat]
```

また、整数型（int）どうしの演算の場合、足し算、引き算、かけ算の結果は整数型になりますが、割り算の結果は割り切れるかどうかにかかわらず浮動小数点型（float）となります。

図 2-42 整数型の値の計算

```
>>> n = 9 / 4 Enter    ●──────整数型の割り算(割り切れない場合)
>>> n Enter
2.25 ●──────割り切れない
>>> type(n) Enter
<class 'float'> ●──────型はfloat
>>> n = 9 / 3    ●──────整数型の割り算(割り切れる場合)
>>> n
3.0
>>> type(n)
<class 'float'> ●──────型はfloat
```

✔ **リテラルの記述方法を理解しよう**

プログラム内に記述した値そのもののことを「リテラル」と呼びます。日本語では「直定数」と呼ばれることもあります。リテラルは、プログラミングにおいて重要な用語なので必ず覚えるようにします。次の例を見てみましょう。

図 2-43 リテラル

変数aに「5」という値を代入しています。右辺の「5」は変数名やキーワードではなく値そのものです。これがリテラルです。

リテラルの記述方法によってデータ型が決まります。たとえば、「5」と記述すると整数型となり、「5.0」と小数点以下の値も記述すると浮動小数点型となります。

図 2-44 リテラルの記述

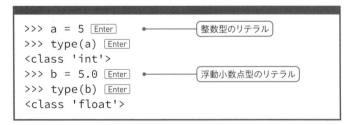

区切り文字のアンダースコア「_」

Python 3.6以降では、数値リテラルの中にアンダースコア「_」を区切り文字として記述できます。アンダースコア「_」は3桁区切りなど数値を読みやすくするためのもので、値としては無視されます。

図 2-45

アンダースコア「_」の
使用例

```
>>> n = 10_100_555 [Enter]
>>> n [Enter]
10100555
```

✔ 16進数形式のリテラル

整数型はデフォルトでは10進数とみなされますが、16進数形式や8進数形式で記述することもできます。

16進数形式の場合には、先頭に「0x」（ゼロ）（もしくは「0X」）を記述します。次に16進数の「15」を変数nに代入して表示する例を示します。

図 2-46 16進数形式のリテラル

```
>>> n = 0x15 [Enter]        ● 16進数形式のリテラルで代入
>>> n [Enter]
21        ● 10進数では21
```

✔ 8進数形式のリテラル

8進数形式の場合には、先頭に「0o」（ゼロ）（もしくは「0O」）を記述します。

図 2-47 8進数形式のリテラル

```
>>> n = 0o23 [Enter]        ● 8進数形式のリテラルで指定
>>> n [Enter]
19        ● 10進数では19
```

✅ 2進数形式のリテラル

2進数形式の場合には先頭に「0b」（もしくは「0B」）を記述します。

図 2-48 2進数形式のリテラル

```
>>> n = 0b11111111 [Enter]  ●————— 2進数形式のリテラルで指定
>>> n [Enter]
255
```

✅ 浮動小数点型の指数表現のリテラル

浮動小数点型のリテラルの場合、数学の表記と同じように、10の何乗であるかを「e」（もしくは「E」）で表す、いわゆる指数表現ができます。

図 2-49 浮動小数点型の指数表現のリテラル

```
>>> f1 = 9.5e3 [Enter]   ●————— 9.5 × 10³
>>> f1 [Enter]
9500.0
>>> f2 = 3.4e-2 [Enter]  ●————— 3.4 × 10⁻²
>>> f2 [Enter]
0.034
```

●「0.123」は「.123」と記述できる

小数点以下の値を含む数値を記述する場合、整数部が「0」のときには「0」を省略できます。たとえば、次のように「0.43」は「.43」と記述できます。

図 2-50 小数点以下の値の表記

```
>>> f = .43 [Enter]   ●————— 「0.43」と同じ
>>> f [Enter]
0.43
```

浮動小数点形式とは

　浮動小数点型の「浮動小数点」とは、「小数点を固定しない」という意味です。た いていのプログラミング言語では、小数点を持つ数値を「浮動小数点形式」で保存し ています。興味のある方に、数値を浮動小数点形式で格納するメリットを簡単に説明 しておきましょう。

　一般的な浮動小数点形式の書式は次のようになります。

図 2-51 浮動小数点形式の書式

$$a \times 10^b$$

　aを「仮数」と呼び、bを「指数」と呼びます。仮数はどのくらいの精度で表すのか を指定するもの、指数は大きさを指定するもの、というイメージでとらえてください。

　なぜこのような書き方をするのかというと、小数点を持つ数値のうち整数部分と小 数部分を別々にコンピュータに格納しようとすると、必要な領域がどんどん増えてし まうからです。仮に「xxxx.yyyy」のように整数部分、小数部分ともに4桁の数字で 格納しようとすると、普通に考えても10,000以上の数値は扱えなくなります。また、 小数点以下5桁以降が表されなくなります。そこで、より大きな数値、より小さな数 値を効率よく表すために浮動小数点形式による保存方法が考え出されたわけです。

文字列のリテラルについて

　Pythonでは文字列のリテラルは、文字列をダブルクォーテーション「"」、もしくはシングルク ォーテーション「'」で囲んで表記します。最初と最後のクォーテーションは同じものを使用する 必要があります。

図 2-52 文字列のリテラル

"Python入門" ← ダブルクォーテーション「"」で囲む

'Python入門' ← シングルクォーテーション「'」で囲む

"Python入門' ← これはNG（最初と最後のクォーテーションが異なる）

✔ 文字列にクォーテーションを含めるには

　文字列のリテラル内にダブルクォーテーション「"」、もしくはシングルクォーテーション「'」 を含めることも可能です。その場合、文字列全体を異なるクォーテーションで囲みます。たとえば、 「What's Going On」という文字列を変数strに格納したい場合には、全体をダブルクォーテーショ ン「"」で囲みます。

図 2-53 シングルクォーテーション「'」を含める場合

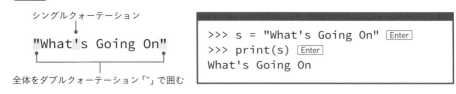

```
>>> s = "What's Going On" Enter
>>> print(s) Enter
What's Going On
```

クォーテーションを含む文字列リテラルを記述する別の方法として「エスケープシーケンス」と呼ばれる表記を使用する方法があります。エスケープシーケンスは次の形式で指定します。

図 2-54 エスケープシーケンス

\文字

こうすると「\」のあとの文字の特殊文字としての働きが打ち消されます。たとえば「\'」とすると、シングルクォーテーション「'」の文字列リテラルを囲むという働きが打ち消され単なる文字として扱われます。前述の「What's Going On」という文字列の全体をシングルクォーテーション「'」で囲うには次のようにします。

図 2-55 エスケープシーケンスで
シングルクォーテーション「'」を
単なる文字として扱う

'What\'s Going On'

シングルクォーテーション「'」の
特殊文字としての働きを打ち消す

```
>>> s = 'What\'s Going On' Enter
>>> print(s) Enter
What's Going On
```

Windowsでは「\」は「¥」と表示される

Windowsを日本語環境で使用していると、PowerShell／コマンドプロンプトでは「\」は「¥」と表示されます。以後、Windowsユーザーは「\」を「¥」と読み替えてください。

図 2-56 Windowsでは「\」を「¥」と読み替える

```
>>> s = 'What¥'s Going On' Enter
```

なお「\」自体を文字として扱うには「\\」とします。

図 2-57 「\」を文字として扱うには「\\」とする

```
>>> s = "o\\o" Enter
>>> print(s)
o\o
```

次に主なエスケープシーケンスを示します。

表2-3 エスケープシーケンスの例

エスケープシーケンス	説明
\\	「\」自身
\n	ラインフィード
\r	キャリッジリターン
\t	タブ
\"	ダブルクォーテーション「"」
\'	シングルクォーテーション「'」

✔ 数値と文字列の相互変換

　「キーボードから値を入力するには」(P.82)で説明したように、文字列を数値に変換するのにfloat()関数を使用しました。このfloat()は、正確にはfloatクラスのインスタンスである浮動小数点型の値をオブジェクトとして生成するための特別な関数で「コンストラクタ」と呼ばれるものです。コンストラクタは何らかのオブジェクトを生成するための関数であり、ここではコンストラクタ「float()」が浮動小数点型の値のオブジェクトを生成しています。

図 2-58 floatクラスのコンストラクタ

float(文字列のオブジェクト)

浮動小数点型のオブジェクトを戻す

次ページに文字列「"3.14"」を浮動小数点型の値に変換する例を示します。

図 2-59 「"3.14"」を浮動小数点型の値に変換

```
>>> num = float("3.14") Enter
>>> print(num) Enter
3.14
>>> type(num) Enter
<class 'float'>
```

引数に「"15"」のような整数値の文字列を指定しても結果は浮動小数点型となります。

図 2-60 整数値の文字列を浮動小数点型の値に変換

```
>>> num = float("15") Enter
>>> print(num) Enter
15.0
>>> type(num) Enter
<class 'float'>        クラスはfloat
```

また指数形式で数値を指定してもかまいません。

図 2-61 指数形式で数値を指定

```
>>> num = float("4.5e3") Enter
>>> print(num) Enter
4500.0
```

　引数にアルファベットの文字列のような浮動小数点の数値に変換できない値を指定するとエラーになります。

図 2-62 浮動小数点に変換できない値を指定するとエラー

```
>>> num = float("Python") Enter
Traceback (most recent call last):
  File "<stdin>", line 1, in <module>
ValueError: could not convert string to float: 'Python'
```

✅ 文字列を整数型に変換する

文字列を整数型の数値に変換するにはintクラスのコンストラクタを使用します。

図 2-63 intクラスのコンストラクタ

int(文字列のオブジェクト)

整数型の値を戻す

たとえば、文字列「"15"」を整数値に変換するには次のようにします。

図 2-64 文字列「"15"」を整数値に変換

```
>>> num = int("15")  Enter
>>> print(num)  Enter
15
>>> type(num)  Enter
<class 'int'>  ────── クラスはint
```

整数値に変換できない値を引数に指定するとエラーになります。たとえば、「"4.5"」のような小数を含む値を指定するとエラーになります。

図 2-65 整数値に変換できない値を指定するとエラー

```
>>> num = int("4.5")  Enter
Traceback (most recent call last):
  File "<stdin>", line 1, in <module>
ValueError: invalid literal for int() with base 10: '4.5'
```

✔ 基数を指定するには

int()の2番目の引数に、16進数なら「16」、2進数なら「2」といった基数を指定すると、基数に基づいて変換できます。

図 2-66 2番目の引数に基数を指定

```
>>> num = int("FFF", 16)  Enter   ──── 「"FFF"」を16進数として
>>> num  Enter                          整数に変換
4095
>>> num = int("1010", 2)  Enter   ──── 「1010」を2進数として
>>> num  Enter                          整数に変換
10
```

☑ 数値を文字列に変換する

逆に、数値を文字列に変換するには、「数値を文字列に変換するstr()関数」（P.61）で説明したようにstr()関数を使用します。このstr()も、正確には文字列型（strクラス）のコンストラクタです。

図 2-67 strクラスのコンストラクタ

str（数値のオブジェクト）
文字列のオブジェクトを戻す

次に例を示します。

図 2-68 数値を文字列に変換

```
>>> s = str(2015) Enter
>>> print(s) Enter
2015
>>> type(s) Enter
<class 'str'>          ●────［クラスはstr］
```

次のような組み込み関数を使用すると、数値を16進数形式、8進数形式、2進数形式の文字列に変換できます。

表2-4 数値を16進数形式、8進数形式、2進数形式の
文字列に変換する組み込み関数

組み込み関数	説明
hex()	先頭に「0x」が付いた16進数形式の文字列に変換する
oct()	先頭に「0o」が付いた8進数形式の文字列に変換する
bin()	先頭に「0b」が付いた2進数形式の文字列に変換する

次に例を示します。

図 2-69 実行例

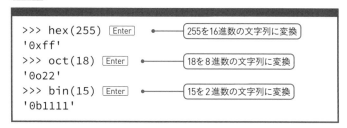

```
>>> hex(255) Enter     ●────［255を16進数の文字列に変換］
'0xff'
>>> oct(18) Enter      ●────［18を8進数の文字列に変換］
'0o22'
>>> bin(15) Enter      ●────［15を2進数の文字列に変換］
'0b1111'
```

✔ 一連のデータを管理するリスト型

　Pythonにはひとまとまりのデータをまとめて扱うのに便利なデータ型が複数用意されています。その代表といえるのが、リスト型（list）です。リストの詳しい操作についてはP.189「4.02 リストやタプルを活用する」で説明することにして、ここでは基本的な取り扱いを説明しましょう。

✔ リストはどんなときに便利？

　たとえば、100人分の名前を個別の変数で管理したいとしましょう。通常の変数で管理すると、name1、name2, ... name100といった名前の文字型の変数を100個用意しなければなりません。

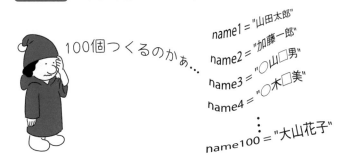

イラスト 2-5 100人分の変数をつくるのは大変

　リストを使用すると複数の値をまとめて扱えます。具体的には、namesといったひとつの変数名と「インデックス」と呼ばれる番号で一連の値を管理できます。個々の値のことをリストの「要素」と呼びます。インデックスは「0」から始まる整数値で、変数名のあとに「[ ]」で囲って指定します。

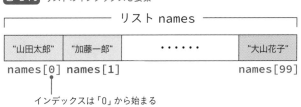

図 2-70 リストのインデックスと要素

　さらに、リストから要素を追加／削除したり、値を変更したり、さらには並べ替えるといったことも簡単にできます。

☑ リストを生成する

リストを生成して変数に代入する書式を示します。

図 2-71 リストを生成して変数に代入する

変数名 ＝ ［要素1，要素2，要素3，....］

右辺はリストのリテラル形式です。「[ ]」内にそれぞれの要素を順にカンマ「,」で区切って指定します。リストに格納する値は文字列であっても数値であっても、あるいはほかのオブジェクトであってもかまいません。

たとえば、5人分の身長（cm）を管理するリストを生成し、変数heightに代入するには次のようにします。

図 2-72 5人分の身長を管理するリストを生成し、変数heightに代入する

```
>>> height = [180, 165, 159, 171, 155] Enter
>>> print(height) Enter ●━━━━━[ heightの内容を表示 ]
[180, 165, 159, 171, 155]
```

インタラクティブモードでは「変数名 Enter 」でも中身が表示される

数値や文字列と同様に、インタラクティブモードではprint()関数を使用せずに、リストもしくはそれが格納された変数名をそのまま記述して Enter を押しても内容が表示されます。

図 2-73 リストheightの要素を表示

```
>>> height Enter
[180, 165, 159, 171, 155]
```

✅ リストから要素を取り出す／要素の値を変更する

リストの各要素には、次の書式でアクセスできます。

図 2-74 リストの要素にアクセス

変数名［インデックス］

インデックスは「0」から始まる整数値になります。heightの最初の要素をprint()関数で表示するには次のようにします。

図 2-75 リストheightの最初の要素をprint()関数で表示

```
>>> print(height[0]) Enter
180
```

要素を「=」の左辺に、値を右辺に設定することにより、値を変更できます。たとえば、heightの2番目の要素の値を「182」に設定するには次のようにします。

図 2-76 heightの2番目の要素の値を「182」に設定する

```
>>> height[1] = 182 Enter
```

✅ 要素のインデックスを逆から指定する

リストの要素を、逆から指定したい場合には、インデックスにマイナスの整数値を指定します。最後の要素は「-1」となります。

図 2-77 リストの要素を逆から指定する場合は
最後を「-1」から始める

先頭から指定 ──────────────────────────→

height[0]	height[1]	height[2]	height[3]	height[4]
180	165	159	171	155
height[-5]	height[-4]	height[-3]	height[-2]	height[-1]

←────────────────────────── 最後から指定

✓ 要素数を戻すlen()関数

リストの要素数はlen()組み込み関数でわかります。

図 2-78 len()関数

len(リスト)

リストなどの要素数を戻す

図 2-79 リストheightの要素数を求める

```
>>> len(height) [Enter]
5
```

リストの最後の要素のインデックスは「リストの要素数 − 1」となります。したがって、height
の最後の要素のインデックスは「−1」の代わりに「len(height) − 1」として指定することもでき
ます。

図 2-80 heightの最後の要素

```
>>> height[len(height) - 1] [Enter]
155
```

リストはJavaScriptなどの配列と同じようなもの

C言語やJavaScriptなどをご存じの方は、Pythonのリストは「配列」と同じよう
に考えるとよいでしょう。

✓ タプルはデータを変更できないリスト

Pythonの組み込みデータ型には、あとから値を変更可能な「ミュータブル」(変更可)な型と、
変更できない「イミュータブル」(変更不可)な型があります。

図 2-81 ミュータブル型とイミュータブル型

ミュータブル（あとから値変更可）	イミュータブル（値変更不可）
・リスト型	・文字列型
・ディクショナリ型	・整数型
・セット型	・浮動小数点型
⋮	・タプル型
	⋮

　前述のリスト型は、オブジェクトを生成後に要素を追加／削除したり、要素の値を変更したりすることができるミュータブルな型です。リストのイミュータブル版といえるデータ構造にタプル（tuple）があります。

☑ タプルを生成する

次にタプルをリテラルによって生成して変数に代入する書式を示します。

図 2-82 タプルをリテラルで生成して変数に代入する

変数名 ＝ （要素1，要素2，要素3，....）

　リストのリテラルは要素の並びを「[ ]」で囲むのに対して、タプルのリテラルの場合には「( )」によって囲みます。 図 2-72 の身長のリストheight（P.96）をタプル型として生成するには次のようにします。

図 2-83 タプルを生成

```
>>> height = (180, 165, 159, 171, 155) Enter
>>> height Enter
(180, 165, 159, 171, 155)
```

値を囲む「( )」は省略可能

　じつは値を囲む「( )」は、タプルであることをわかりやすくするだけもので省略可能です。

図 2-84 「( )」は省略可能

```
>>> height = 180, 165, 159, 171, 155 Enter
```

☑ タプルの値を取り出す

タプルから要素を取り出す書式はリストと同じです。変数名のうしろに「[インデックス]」を記述します。

図 2-85 タプルから要素を取り出す

変数名[インデックス]

図 2-86 実行例

```
>>> print(height[0]) Enter        ●━━━ 最初の要素を取り出す
180
```

ただし、タプルはイミュータブルな型のため、要素の値を変更しようとすると次のようにエラーとなります。

図 2-87 要素の値は変更できない

```
>>> height[1] = 177 Enter
Traceback (most recent call last):
  File "<stdin>", line 1, in <module>
TypeError: 'tuple' object does not support item assignment
```

☑ タプルとリストの相互変換

タプル型とリスト型の値は相互変換可能です。まず、タプルをリストに変換するには、リスト型（listクラス）のコンストラクタである「list()」の引数にタプルを指定します。

次に、色名を格納したタプルをリストに変換する例を示します。

図 2-88 タプルをリストに変換

```
>>> t1 = ("赤", "黒", "緑") Enter     ●━━ タプルを生成
>>> l1 = list(t1) Enter              ●━━ タプルからリストを生成
>>> print(l1) Enter
['赤', '黒', '緑']
```

また、逆にリストをタプルに変換するには、タプル型（tupleクラス）のコンストラクタである

「tuple()」の引数にリストを指定します。

次に曜日を格納したリストをタプルに変換する例を示します。

図 2-89 リストをタプルに変換

```
>>> l1 = ["日", "月", "火", "水", "木", "金", "土"] Enter   ●——[リストを生成]
>>> t1 = tuple(l1) Enter   ●——————[リストからタプルを生成]
>>> print(t1) Enter
('日', '月', '火', '水', '木', '金', '土')
```

Column

シーケンス型について

　リストやタプルのようにインデックスを指定して要素にアクセスできるようなデータ型を「シーケンス型」といいます。じつは文字列 (str) も「テキストシーケンス型」という種類のシーケンス型です。リストやタプルと同じくインデックスを指定することにより、個々の文字にアクセスできます。

図 2-90 文字列はシーケンス型

```
>>> s = "こんにちは" Enter
>>> s[1] Enter   ●——————[2番目の文字を表示]
'ん'
>>> s[len(s) -1] Enter   ●——————[最後の文字を表示]
'は'
```

　ただし、文字列はイミュータブルなオブジェクトなので文字を変更することはできません。

図 2-91 文字列はイミュータブルなので変更できない

```
>>> s[3] = "な" Enter
Traceback (most recent call last):
  File "<stdin>", line 1, in <module>
TypeError: 'str' object does not support item
assignment
```

Pythonでは、生成されたすべてのオブジェクトに重複のないid番号が割り当てられています。id番号はid()組み込み関数で調べられます。

図 2-92 id()関数

id(オブジェクト)

オブジェクトのid番号を表示する

id()関数の引数はリテラルであっても変数であってもかまいません。

図 2-93 実行例

```
>>> id(3) [Enter]          ●──────[整数値「3」のidを確認]
4297537952
>>> height = (180, 165, 159, 171, 155) [Enter]
>>> id(height) [Enter]     ●──────[変数heightのidを確認]
4321208192
>>> s = "hello" [Enter]
>>> id(s) [Enter]          ●──────[変数sのidを確認]
4324373536
```

✔ 数値や文字列はイミュータブルなオブジェクト

P.98「タプルはデータを変更できないリスト」では、オブジェクトにはミュータブルなものとイミュータブルなものがあると説明しました。数値や文字列は、イミュータブルに分類されます。つまりあとから変更できません。不思議に思う方もいらっしゃるかもしれないので詳しく説明しましょう。

例として、整数型（int）の変数では、次のように足し算などの計算を行って結果を、同じ変数に代入できます。ということは、整数型の値は変更可能（ミュータブル）なのでは？と思うかもしれません。

図 2-94 整数型(int)の変数では計算結果を同じ変数に代入できる

```
>>> n1 = 10 [Enter]        ●──────[変数n1に「10」を代入]
>>> n1 = n1 + 5 [Enter]    ●──────[n1に5を足す(「n1 += 5」と同じ)]
>>> print(n1) [Enter]
15                ●──────[変数n1の値は「15」]
```

　この例は、変数n1に5を足してそれを再び変数n1に代入しています。整数型のオブジェクトの値を変更しているように見えるかもしれませんが、じつは違います。

　実際には、足し算が実行されると新たなオブジェクトが生成され、変数n1が参照しているオブジェクトは計算前と後では異なるのです。

　オブジェクトに変数名のタグが付いたようなイメージでとらえるとわかりやすいでしょう。

図 2-95 変数n1の値が変更されているのではなく、
タグの付け替えが行われている

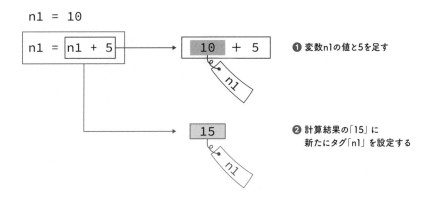

　次のように、id()関数でオブジェクトのid番号を表示させると、❶と❷でid番号が異なることから、変数n1が参照しているオブジェクトは計算前と後では異なることがわかります。

図 2-96 id()関数でオブジェクトのid番号を表示

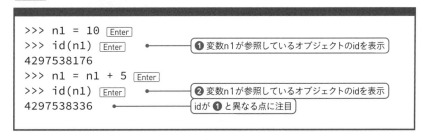

Visual Studio Codeで
Pythonプログラムを実行する

Visual Studio Codeに「Python拡張機能」をインストールしている場合、Visual Studio Code内にターミナルを開いてPythonプログラムを実行できます。

それには、エディタでソースファイルを右クリックしメニューから「ターミナルでPythonファイルを実行」を選択します。

画面 2-1 「ターミナルでPythonファイルを実行」

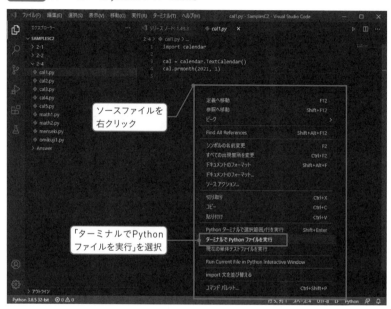

すると、ウィンドウ下部に「ターミナル」パネルが開き実行結果が表示されます。

画面 2-2 「ターミナル」パネルが開く

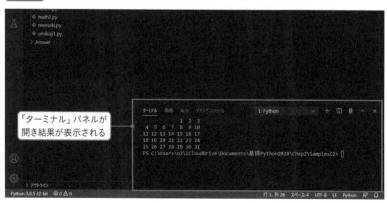

CHAPTER 2

04

モジュールをインポートして クラスや関数を利用する

Pythonには便利なソフトウエア部品であるさまざまなモジュールが標準ライブラリとして多数用意されています。ここではその基本的な使用方法と、クラスからインスタンスを生成する方法について説明します。

✔ 標準ライブラリのモジュールをインポートする

Pythonの開発環境にデフォルトで含まれるライブラリを「標準ライブラリ」と呼びます。標準ライブラリには、これまで説明してきたような、整数型（int）や文字列（str）、リスト（list）などの組み込み型（クラス）、print()やinput()などの組み込み関数、およびそのほかの関数やクラスをまとめたモジュールが多数用意されています。

図 2-97 標準ライブラリの関数、型、モジュールなど

組み込み関数
- print()、hex()、help()
- abs()、max()
- input()
⋮

組み込み型
- int、float、str
- list、tuple
- str
⋮

いろいろなデータ型
- datetime
- calendar
- types
⋮

数学用モジュール
- numbers
- math
⋮

ファイル操作モジュール
- pathlib
- glob
⋮

そのほかのライブラリ

標準ライブラリ以外にもPython用のさまざまなライブラリがインターネット上で公開されています。

✅ calendarモジュールをインポートする

標準ライブラリのモジュールの利用方法を具体的に説明していきましょう。組み込み型や組み込み関数などのPython本体にデフォルトで搭載されている機能は、何もしなくてもプログラムから利用可能です。ただし、標準ライブラリとして用意されているモジュールであっても、それ以外の機能を使用するには、あらかじめ必要なモジュールをインポートしておく必要があります。

モジュールをインポートするには、import文を次の書式で実行します。

図 2-98 モジュールのインポート

```
import　モジュール名
```

ここでは、ある年月のカレンダーを表示するなどカレンダーとしての機能を管理するモジュール「calendar」を例に、モジュールのインポート方法と、クラスの利用法について説明します。

calendarモジュールをインポートするには次のようにします。

LIST 2-21 calendarモジュールのインポート

```
import calendar
```

以上で、calendarモジュールが利用可能になります。calendarモジュールにはカレンダーを扱うためのさまざまなクラスや関数などが用意されています。

図 2-99 calendarモジュール

クラス	関数
・Calendar クラス	・setfirstweekday() 関数
・TextCalendar クラス	・setfirstweekday() 関数
・HTMLCalendar クラス	・leapdays() 関数
・LocaleTextCalendar() クラス	⋮
⋮	

複数のモジュールのインポート

import文を複数記述して複数のモジュールをインポートすることができます。あるいはモジュール名をカンマで区切ってひとつのimport文で複数のモジュールをインポートすることもできます。

図 2-99 複数のモジュールをインポート

```
import calendar
import math
```

```
import calendar, math
```

✓ クラスからインスタンスを生成する

　続いて、インポートしたモジュールに用意されているクラスから、インスタンスを生成する方法について説明しましょう。これまで何度も使用してきた数値や文字列などの組み込み型の場合には、「88」や「"こんにちは"」のようなリテラルによって、利用可能なオブジェクトであるインスタンスがつくられました。同様にリストの場合も、「[1, 2, 3, 4]」のようなリテラル形式でインスタンスが生成されます。

　リテラル形式が用意されていない通常のクラスからインスタンスを生成するには、「コンストラクタ」と呼ばれる特別な関数のようなものを使用します。

✓ コンストラクタを使用して TextCalendarクラスのインスタンスを生成する

　コンストラクタの名前はクラス名と同じです。ただし、プログラムからこれらのクラスのコンストラクタを利用するには、クラス名だけではだめで、前に「モジュール名.」を指定し、次の形式でアクセスします。

図 2-100 コンストラクタの使用方法

モジュール名.クラス名(引数1，引数2，…)

　たとえば、calendarモジュールに用意されているTextCalendarクラスはシンプルなテキスト形式のカレンダーを管理するクラスです。このクラスを使用してインスタンスを生成してみましょう。TextCalendarクラスのコンストラクタには引数を指定しなくてもかまいません。

　TextCalendarクラスのインスタンスを生成し、変数calに代入するには次のようにします。

LIST 2-22 TextCalendarクラスのインスタンスを生成し、変数calに代入

```
cal = calendar.TextCalendar()
```

✓ インスタンスに対してメソッドを実行する

　インスタンスを生成するとTextCalendarクラスに用意されているさまざまなメソッドが利用できるようになります。インスタンスに対するメソッドは次の形式で実行します。

図 2-101 メソッドの使用方法

インスタンスを格納した変数.メソッド名(引数1，引数2，…)

たとえば、TextCalendarクラスには、引数で指定した1月分のカレンダーを表示するprmonth()メソッドが用意されています。

図 2-102 prmonth()メソッド

prmonth(年，月)

指定した年、月のカレンダーを表示する

　これまでの説明をもとに、次に2021年1月のカレンダーを表示するプログラム例を示します。

LIST 2-23 cal1.py 📁

```
import calendar          ─●

cal = calendar.TextCalendar()    ─●
cal.prmonth(2021, 1)       ─●
```

　●でcalendarモジュールをインポートし、●でTextCalendarクラスのインスタンスを生成して変数calに代入しています。●で「2021」と「1」を引数にしてprmonth()メソッドを実行しています。実行すると、2021年1月のカレンダーが表示されることを確認してください。

図 2-103
実行結果

```
% python3 cal1.py Enter
      January 2021
Mo Tu We Th Fr Sa Su
             1  2  3
 4  5  6  7  8  9 10
11 12 13 14 15 16 17
18 19 20 21 22 23 24
25 26 27 28 29 30 31
```

インタラクティブモードでの操作

　モジュールのインポートや、インスタンスの生成は、インタラクティブモードでも同様に行えます。したがって、cal1.pyの内容をインタラクティブモードで実行してもカレンダーを表示できます。

図 2-104 インタラクティブモードでモジュールをインポート

```
>>> import calendar Enter
>>> cal = calendar.TextCalendar() Enter
>>> cal.prmonth(2021, 1) Enter
      January 2021
Mo Tu We Th Fr Sa Su
             1  2  3
 4  5  6  7  8  9 10
11 12 13 14 15 16 17
      (以下略)
```

☑ TextCalendarコンストラクタに引数を与える

前述の「cal1.py」の実行結果では、カレンダーの週の最初の曜日は「Mo」(Monday：月曜日)となっています。じつはTextCalendarクラスのコンストラクタで週の最初の曜日を指定できます。曜日は「0」(月曜日)、「1」(火曜日)、「2」(水曜日)…「6」(日曜日)といった整数値で指定し、デフォルトでは「0」(月曜日)となります。したがって、日曜日を週の最初の曜日にするには、コンストラクタの引数に「6」を指定して次のようにします。

LIST 2-24 cal2.py 📁

```
import calendar

cal = calendar.TextCalendar(6)          ●❶
cal.prmonth(2021, 1)
```

cal1.pyとの相違は、❶でコンストラクタに「6」を指定している部分のみです。

次に実行結果を示します。cal1.pyの結果と比べてみましょう。cal2.pyでは日曜日(Su)が先頭になります。

図 2-105
実行結果

```
% python3 cal2.py [Enter]
     January 2021
Su Mo Tu We Th Fr Sa
                1  2
 3  4  5  6  7  8  9
10 11 12 13 14 15 16
17 18 19 20 21 22 23
24 25 26 27 28 29 30
31
```

☑ from～import文を使用してクラスをインポートする

前述の LIST 2-24 cal2.pyでは、インスタンスを生成するときに、次のようにコンストラクタの前にモジュール名が必要でした。

LIST 2-25 モジュール名.クラス名

```
cal = calendar.TextCalendar()
```

モジュールのインポート時に、次のような書式でクラス名を指定しておくと、指定したクラスのみがインポートされ、モジュール名を省略できます。

図 2-106 *クラスのインポート*

```
from モジュール名 import クラス名1， クラス名2， ....
```

次に、cal2.pyを変更して、from〜import文を使用してcalendarモジュールからTextCalendar
クラスを読み込む例を示します。

LIST 2-26 cal3.py 📁

```
from calendar import TextCalendar        ●①

cal = TextCalendar(6)        ●②
cal.prmonth(2021, 1)
```

①でクラスを指定してインポートしているため、②ではモジュール名が省略可能になりました。

✔ from〜import文の注意点

from〜import文を使用して読み込んだクラスに名前だけでアクセスする場合には、クラス名に
重複がないか気を配る必要があります。自分で作成したクラスや、インポート済みのほかのモジュ
ールに同じ名前があるとそれらが上書きされてしまうからです。

✔ 年と月の値をキーボードから入力する

cal3.pyでは、年や月の値をprmonth()メソッドの引数にリテラルとして直接記述していました。
それらをプログラムの実行中にキーボードから入力させるようにすると便利でしょう。それには
「キーボードから値を入力するには」（P.82）で説明したinput()組み込み関数を利用します。
次に、input()関数を使用して年、月を入力し、指定した年月のカレンダーを表示する例を示します。

LIST 2-27 cal4.py 📁

```
from calendar import TextCalendar

# 年を変数yearに格納する
year = int(input("年を入力してください: "))        ●①
# 月を変数monthに格納する
month = int(input("月を入力してください: "))        ●②

cal = TextCalendar(6)
cal.prmonth(year, month)
```

①でinput()関数を使用して年の値を文字列として取得し、int()で整数に変換して変数yearに格
納しています。同様に②では月の値を変数monthに格納しています。次に実行例を示します。

図 2-107 実行結果

```
% python3 cal4.py Enter
年を入力してください: 2021 Enter ●──── 年を入力
月を入力してください: 3 Enter ●──── 月を入力
       March 2021
Su Mo Tu We Th Fr Sa
    1  2  3  4  5  6
 7  8  9 10 11 12 13
14 15 16 17 18 19 20
21 22 23 24 25 26 27
28 29 30 31
```

✔ 値を戻すメソッドを使用する

関数と同じように、クラスに用意されているメソッドには何らかの値を戻すものもあります。cal4.pyで使用したprmonth()メソッドはカレンダーを画面に表示するメソッドでした。同じようなメソッドに、カレンダーを文字列にして戻すformatmonth()メソッドがあります。

図 2-108 formatmonth()メソッド

formatmonth(年, 月)

指定した年、カレンダーを文字列にして戻す

prmonth()メソッドの代わりに、このformatmonth()メソッドを使用してcal4.pyを書き換えると次のようになります。実行結果はcal4.pyと同じです。

LIST 2-28 cal5.py 📁

```
from calendar import TextCalendar
～略～
cal = TextCalendar(6)
cal_str = cal.formatmonth(year, month)    ●──①
print(cal_str)    ●──②
```

①でformatmonth()メソッドの戻り値を変数cal_strに代入し、②でprint()関数を使用して表示しています。①②は次のように1行で記述してもかまいません。

LIST 2-29 ①②を1行で記述

```
print(cal.formatmonth(year, month))
```

111

✔ mathモジュールの関数を利用する

さて、前述のcalendarモジュールは、カレンダー関連のクラスや関数をまとめたモジュールです。続いて、さまざまな数学計算用の関数が用意されたmathモジュールを例に、モジュール内の関数の使い方を説明しましょう。

✔ 関数のモジュールをインポートする

クラスが含まれたモジュールと同じく、関数のモジュールをインポートする場合もimport文を使用します。

図 2-109 関数のモジュールのインポート

import モジュール名

インポートしたモジュール内の関数は次の書式でアクセスできます。

図 2-110 関数にアクセス

モジュール名.関数名(引数1, 引数2, ...)

たとえば、mathモジュールには引数で指定した値の平方根を返すsqrt()関数が用意されています。

図 2-111
sqrt()関数

sqrt(x)
引数の平方根を戻す

16の平方根を求め、変数numに格納するには次のようにします。

LIST 2-30 16の平方根を求め、変数numに格納

```
num = math.sqrt(16)
```

次にキーボードから数値を入力し、その平方根を表示するプログラムを示します。

LIST 2-31 math1.py 📁

```
import math

num = float(input("数値を入力してください: "))        ——❶
print(str(num) + "の平方根:", math.sqrt(num))        ——❷
```

❶でinput()関数を使用してキーボードから数値を読み込み、float()で浮動小数点型に変換して

いきます。❷ではsqrt()関数で平方根を求めprint()関数で表示しています。

図 2-112
実行結果

```
% python3 math1.py  Enter
数値を入力してください： 14.5  Enter
14.5の平方根： 3.8078865529319543
```

✔ mathモジュールの便利な関数

次の表にmathモジュールに用意されている便利な関数の例を示します。

表2-5

mathモジュールの
関数の例

関数	説明	関数	説明
ceil(x)	xの値以上の最小の整数を返す	sqrt(x)	xの平方根を返す
floor(x)	xの値以下の最大の整数を返す	sin(x)	xのサインを返す（xの単位はラジアン）
exp(x)	eのx乗を返す	cos(x)	xのコサインを返す（xの単位はラジアン）
log(x)	xの自然対数を返す	tan(x)	xのタンジェントを返す（xの単位はラジアン）
pow(x, y)	xのy乗を返す	radian(x)	角度xをラジアンに変換して返す

✔ from～import文で指定した関数を読み込む

クラスと同じく、from～import文を使用するとモジュール内の指定した関数のみをインポートし、関数名だけでアクセスできるようになります。

図 2-113 from～import文で読み込む関数を指定する

from モジュール名 import 関数名1， 関数名2， ...

たとえば、次のようにsqrt()関数のみをインポートすると、「math.sqrt(～)」の「math.」を省略できます。

LIST 2-32 sqrt()関数のみをインポート

```
from math import sqrt
```

次に、math1.pyをfrom～import文を使用するように変更した例を示します。

LIST 2-33 math2.py 📁

```
from math import sqrt

num = float(input("数値を入力してください： "))
print(str(num) + "の平方根:", sqrt(num))    ← 「math.」を省略できる
```

☑ モジュール内の定数を利用する

さて、mathモジュールに用意されているのは関数だけではありません。次のような数学計算用の定数が用意されています。

表2-6 mathモジュールの定数

定数名	説明
pi	円周率(3.141592...)
e	自然対数の底(2.718281)

関数と同様に、これらの定数には次の形式でアクセスできます。

図 2-115 モジュール内の定数にアクセスする

モジュール名.定数名

インタラクティブモードで試してみましょう。

図 2-116 インタラクティブモードで確認

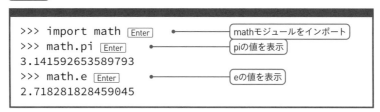

```
>>> import math Enter          ●──── mathモジュールをインポート
>>> math.pi Enter              ●──── piの値を表示
3.141592653589793
>>> math.e Enter               ●──── eの値を表示
2.718281828459045
```

次に、キーボードから円の半径を入力して、円の面積を表示する例を示します。

LIST 2-34 menseki.py 📁

```python
import math

hankei = float(input("半径を入力してください: "))

menseki = math.pi * math.pow(hankei, 2)          ●①
print("半径が" + str(hankei) + "の円の面積 → ", str(menseki))
```

円の面積は「円周率×半径²」で計算できます。①では、最初の引数を、2番目の引数で累乗した値を戻すpow()関数を使用して「半径の2乗」を求めています。

これは次のようにしても同じです。

LIST 2-35 pow()関数を使わずに記述

```python
menseki = math.pi * hankei * hankei
```

次に実行結果を示します。

図 2-117
実行結果

```
% python3 menseki.py Enter
半径を入力してください:  4  Enter
半径が4.0の円の面積 →  50.26548245743669
```

✔ 乱数を使用する

乱数とは文字通りランダムな数のことです。プログラミングではさまざまな局面で乱数が活躍します。Pythonの標準ライブラリには、いろいろな種類の乱数を生成する関数が含まれるrandomモジュールが用意されています。

✔ randint()関数とrandrange()関数

ここでは、randomモジュールに用意されている関数の中から整数の乱数を生成する関数を紹介しましょう。まず、指定した範囲の整数の乱数を求めるにはrandint()関数が便利です。

図 2-118
randint()関数

randint(a, b)

a以上、b以下のランダムな整数を戻す

試しに、インタラクティブモードで0以上3以下の乱数を生成してみましょう。

```
>>> import random Enter
>>> random.randint(0, 3) Enter
2
>>> random.randint(0, 3) Enter
0
>>> random.randint(0, 3) Enter
3
```

また、randrange()関数を 使用しても指定した範囲の乱数を得ることができます。

randrange(a, b)

a以上b未満のランダムな整数を戻す

randint()とrandrange()の相違は、戻り値の乱数に最後の引数の数値を含めるかどうかです。randrange()は最後の引数の数値を含めません。次に、0以上3未満の乱数を生成する例を示します。

```
>>> random.randrange(0, 3) Enter
0
>>> random.randrange(0, 3) Enter
1
>>> random.randrange(0, 3) Enter
2
```

なお、randrange()で引数をひとつだけ指定した場合には、0以上で、指定した値未満の乱数を戻します。したがって、上記の例は次のようにしてもかまいません。

```
>>> random.randrange(3) Enter
1
```

☑ 乱数を使用したおみくじプログラムを作成

乱数の使用例として、実行するたびに「大吉」「中吉」「凶」のいずれかの文字列を表示するおみくじプログラムの例を示しましょう。仕組みとしては、「"大吉"」「"中吉"」「"凶"」の要素を格納したリスト「kuji」を用意し、乱数を使用して要素をランダムに取り出すというものです。

図 2-123 リスト「kuji」の要素をランダムに取り出す

リスト「kuji」 ["大吉", "中吉", "凶"]

　そのためには、リストのインデックスとして使用する「0以上かつ要素数未満」の範囲の整数の乱数を生成します。次にリストを示します。

LIST 2-36 omikuji1.py 📁

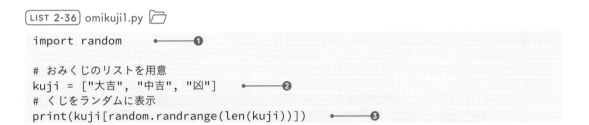

```
import random          ①

# おみくじのリストを用意
kuji = ["大吉", "中吉", "凶"]          ②
# くじをランダムに表示
print(kuji[random.randrange(len(kuji))])          ③
```

　①でrandomモジュールをインポートしています。

　②でおみくじを要素として格納したリストkujiを用意しています。

　③ではrandrange()関数の結果をリストkujiのインデックスとして指定し、くじをランダムに表示しています。次のようにすることで、インデックスの範囲である、0以上でリストkujiの要素数「len(kuji)」より小さい整数の乱数が取得できるわけです。

LIST 2-37 0以上でリストkujiの要素数「len(kuji)」より小さい整数の乱数を取得

```
random.randrange(len(kuji))
```

　次に実行結果を示します。

図 2-124 実行結果

```
% python3 omikuji1.py Enter
大吉
% python3 omikuji1.py Enter
凶
% python3 omikuji1.py Enter
中吉
```

macOS / Linuxで作成したプログラムを
コマンドとして実行するには

macOSやLinuxなどUNIX系のOSではソースプログラムの先頭に次のように記述することで、ターミナルで通常のコマンドのように実行することができます。

図 2-125 ソースプログラムの先頭に以下を記述

#! インタプリタのパス

たとえば、macOSの場合、Python 3.9のpython3コマンドは以下のパスにインストールされています。

- /Library/Frameworks/Python.framework/Versions/3.9/bin/python3/

omikuji1.pyをコマンドにするには次のようにします。

LIST 2-38 記述例

```
#! /Library/Frameworks/Python.framework/Versions/3.9/bin/ ⇨
python3       ●──[追加する]

import random
～略～
```

次に、このomikuji1.pyを、コマンドの保存先のディレクトリ（次の例では「/usr/local/bin」）に、コマンド名にしたい名前でコピーし、chmodコマンドで実行権を設定します。デフォルトでは/usr/local/binディレクトリの操作にはスーパーユーザの権限が必要なため、コマンドをスーパーユーザとして実行するsudoというコマンドを使用して実行する必要があります。

次の例では「omikuji」という名前でコピーしています。

図 2-126 コマンド名のファイルに実行権を設定

```
% sudo cp omikuji1.py /usr/local/bin/omikuji [Enter]
% Password:■■■■ [Enter]  ●──[パスワードを入力]
% sudo chmod +x /usr/local/bin/omikuji [Enter]
```

以上で、omikujiという名前のコマンドとして実行できるようになります。

図 2-127
実行結果
```
% omikuji [Enter]
中吉
% omikuji [Enter]
大吉
```

CHAPTER 2 ›› ま と め

✔ 値にタグを付けて名前でアクセスできるようにしたものを
　「変数」と呼びます

✔ 基本的に1行にひとつずつステートメントを記述します

✔ 「#」以降行末までがコメントになります

✔ キーボードから文字列を入力するには
　input()関数を使用します

✔ 数値には整数型（int）と浮動小数点型（float）があります

✔ プログラム内の値そのもののことを「リテラル」といいます

✔ リテラルでは数値を10進数だけでなく、
　16進数や2進数で表記することもできます

✔ 文字列を数値に変換するにはint()やfloat()を、
　数値を文字列に変換するにはstr()を使用します

✔ リスト（list）やタプル（tuple）を使用すると、
　一連のデータをまとめて管理できます

✔ モジュールを利用するには
　import文でインポートしておきます

✔ クラスからインスタンスを生成するには
　コンストラクタを使用します

✔ 乱数を生成するには
　randomモジュールを使用します

✔ mathモジュールには
　技術計算用の関数が多数用意されています

✔ calendar モジュールを使用すると
　カレンダーを表示できます

Ⓐ 変数yの値が3になるように空欄を埋めてください。

```
x = 5
y = 13 [ 1 ] x
print(y)
```

Ⓑ 次のプログラムでは、3つの変数taro、ichiro、makotoに身長（cm）を格納しています。空欄を埋めて、変数averageに平均身長を格納してください。

```
taro = 170.0
ichiro = 165.5
makoto = 181.5
average = [ 1 ]
print("平均身長: " + str(average) + "cm")
```

Ⓒ 次のような、色の名前が格納されたリストcolorsがあります。

```
colors = ["赤", "青", "黄", "オレンジ"]
```

最後の要素を取得して変数cに格納するステートメントとして正しい場合は○、間違っている場合は×を記入してください。

(　) 　 c = colors[4]

(　) 　 c = colors[3]

(　) 　 c = colors[-1]

(　) 　 c =colors[len(colors) - 1]

(　) 　 c =colors[len(colors)]

D 空欄を埋めて、実行するたびに「"グー"」「"チョキ"」「"パー"」のいずれかを表示する
プログラムを完成させてください。

```
import   1

janken = ["グー", "チョキ", "パー"]
print(   2   )
```

CHAPTER

3 » プログラムの処理を分岐する／繰り返す

プログラムは必ずしも先頭から順に
進んでいくわけではありません。
多くの場合、同じ処理を繰り返したり、
あるいは条件によって分岐したりといった処理が行われます。
そのようなプログラムの流れのことを「制御構造」と呼びます。

CHAPTER 3 - 01	条件判断はif文で
CHAPTER 3 - 02	if文を活用する
CHAPTER 3 - 03	処理を繰り返す
CHAPTER 3 - 04	ループを活用する
CHAPTER 3 - 05	例外の処理について

✔ 条件判断を行うif文、
if～else文の使い方について学びます

✔ 値を比較する比較演算子を覚えましょう

✔ 処理を繰り返し実行するfor文、
while文の使い方について学びます

✔ プログラムの実行中に発生するエラーである
例外の処理について理解します

イラスト 3-1 条件に合う人は左、合わない人は右で～す

処理を切り分けたり、処理を繰り返したりするにはどうしたらよいでしょう？ Pythonに限らず、プログラミングでは、条件判断や繰り返しといった制御構造が重要な役割を果たします。Pythonの制御構造はインデントによるブロックが特徴的です。しっかり理解しましょう。

条件判断はif文で

Pythonに用意されている代表的な制御構造として、まずこの節では、ある条件が成立した場合になんらかの処理を行うif文の使い方について説明しましょう。

✔ bool型について

if文の説明の前に、「bool型」という組み込み型について説明しておきましょう。bool型は、「True（真）」「False（偽）」というふたつの値のいずれかを取るデータ型です。真理値あるいは真偽値とも呼ばれます。

イラスト 3-2 bool型は「True（真）」「False（偽）」のいずれかを取るデータ型

たとえば、左辺の値が右辺の値より大きいかを調べる演算子に「>」があります。左辺の値が大きければTrueを、そうでなければFalseを戻します。

インタラクティブモードを起動し、「>」演算子を使用して適当な数値を比べて結果を確認してみましょう。

図 3-1 「>」演算子で数値を比較

```
>>> 10 > 2 Enter
True
>>> 5 > 10 Enter
False
```

リストやタプルを比較することもできます。この場合、先頭の要素から順に比較されていきます。

図 3-2 「>」演算子でリストやタプルを比較

```
>>> (10, 2) > (9, 4) Enter  ────────── タプルを比較
True
>>> [3, 9, 5] > [4, 3, 1] Enter ────── リストを比較
False
```

　結果は予想通りだったでしょうか？「>」のようなような ふたつの値を比較する演算子を「比較演算子」と呼び、if文で条件が成立するかどうかを調べるのに使用されます。

✔ ifで処理を切り分ける

　続いて、Pythonにおけるif文の最も基本的な書式を示します。ifの次に「条件式」と呼ばれる条件判断を行う式（もしくは値）を記述します。条件が成立すれば、そのうしろの「ブロック」と呼ばれる部分が実行されます。条件の結果が、前述のbool型の場合には値がTrueであれば成立するとみなされます。

図 3-3 if文の基本的な書式

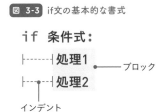

　上図の処理1、処理2、…のインデント（通常、半角スペース4つ分）された部分が、一連の処理を表すブロックです。

✔ if文の使用例

　if文の具体例を示しましょう。次のプログラムは、キーボードからテストの点を入力し、それが80以上の場合に「合格です」と表示します。点数は0〜100の間の整数値であるものとします。

LIST 3-1 if1.py 📁

```
score = int(input("点数を入力してください: "))  ────❶

if score >= 80:  ────❷
    print("合格です")
```

❶のinput()関数でキーボードから点数を入力し、int()によりそれを文字列から整数値に変換し変数scoreに格納しています。

❷のif文では条件式が次のようになっています。

図 3-4 ❶のif文

if score >= 80:

scoreの値が80以上でTrue

「>=」演算子は、先ほどの「>」に「=」をつなげた演算子です。左辺の値が右辺の値以上であるかを判断します。変数scoreの値が80以上であれば結果はTrue（真）、そうでなければFalse（偽）となります。

次に実行結果を示します。

図 3-5 実行結果

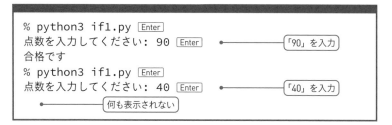

```
% python3 if1.py Enter
点数を入力してください：90 Enter          ●━━━━━━ 「90」を入力
合格です
% python3 if1.py Enter
点数を入力してください：40 Enter          ●━━━━━━ 「40」を入力
   ●━━━━ 何も表示されない
```

Column

インタラクティブモードで制御構造を試すには

　インタラクティブモードを使用してもif文などの制御構造の動作を確かめることができます。if文のように内部にブロックを持つ文を「複合文」と呼びますが、複合文では最後に空行を入力することで終わりであることを伝えます。

　例を示しましょう。まず、if文の最初の行を入力し Enter を押すとプロンプトが「...」に変化します。

図 3-6 if文の最初の行を入力

```
>>> if 3 > 1: Enter
...
```

　続けて、ブロックのステートメントを入力します。入力が終わったら、単に Enter を押します。以上でif文が実行されます。

図 3-7 「...」のあとにステートメントを入力

```
>>> if 3 > 1: Enter
...     print("OK") Enter ● ブロックを入力
...     print("3 > 1") Enter
... Enter ● 最後に Enter キーを押す
ok
3 > 1
```

いろいろな比較演算子

「>」のような値を比較する演算子を「比較演算子」と呼びます。比較演算子は、ふたつの値を比較してTrue（真）またはFalse（偽）のいずれかのbool型の値を返す演算子です。

Pythonに用意されている主な比較演算子の種類と使用例を次の表にまとめておきます。

表3-1 主な比較演算子

演算子	例	説明
==	a == b	aとbの値が等しければTrue、そうでなければFalse
!=	a != b	aとbの値が等しくなければTrue、そうでなければFalse
>	a > b	aがbより大きければTrue、そうでなければFalse
>=	a >=b	aがb以上であればTrue、そうでなければFalse
<	a < b	aがbより小さければTrue、そうでなければFalse
<=	a <= b	aがb以下であればTrue、そうでなければFalse
in	a in b	aがbの要素であればTrue、そうでなければFalse
not in	a not in b	aがbの要素でなければTrue、そうでなければFalse
is	a is b	aとbが同じオブジェクトであればTrue、そうでなければFalse
is not	a is not b	aとbが同じオブジェクトでなければTrue、そうでなければFalse

「==」と「=」の相違に注意

初心者が戸惑う可能性が最も高い演算子が、左辺と右辺の値が等しいかどうかを判断する「==」（イコール「=」をふたつつなげる）です。これまで何度も使用してきたように「=」は変数への代入になります。それに対して、「==」は値が等しければTrueを、等しくなければFalseを戻します。

インタラクティブモードで確認してみましょう。

図 3-8 インタラクティブモードで確認

```
>>> a = 4 [Enter]          ●────────[ aに4を代入する ]
>>> a == 4 [Enter]         ●────────[ 変数aの値と4が等しいかを調べる ]
True
>>> a == 5 [Enter]         ●────────[ 変数aの値と5が等しいかを調べる ]
False
```

次に、if1.pyを変更して、キーボードから入力した値が「80」のときに「ぎりぎり合格です」と表示する例を示します。

LIST 3-2 if2.py 📁

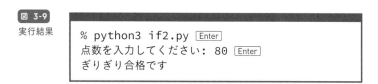

```
score = int(input("点数を入力してください: "))

if score == 80:    ●────────❶
    print("ぎりぎり合格です")
```

❶で比較演算子に「==」を使用して、値が80かどうかを判別しています。

図 3-9
実行結果

```
% python3 if2.py [Enter]
点数を入力してください: 80 [Enter]
ぎりぎり合格です
```

☑ 条件式が成立しなかった場合の処理を記述する

if文に加えて、次のように「else」を使用すると、条件式が成立しなかった場合の処理を記述できます。

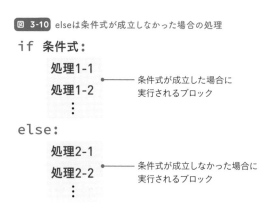

図 3-10 elseは条件式が成立しなかった場合の処理

```
if 条件式:
    処理1-1          ── 条件式が成立した場合に
    処理1-2             実行されるブロック
      :
else:
    処理2-1          ── 条件式が成立しなかった場合に
    処理2-2             実行されるブロック
      :
```

　if1.pyを変更して、キーボードから入力した値が80以上のときに「合格です」、80未満のときには「不合格です」と表示する例を示します。

LIST 3-3　if3.py

```
score = int(input("点数を入力してください: "))

if score >= 80:
    print("合格です")
else:
    print("不合格です")
```

　次に実行結果を示します。

図 3-11
実行結果

```
% python3 if3.py [Enter]
点数を入力してください: 30 [Enter]
不合格です
% python3 if3.py [Enter]
点数を入力してください: 95 [Enter]
合格です
```

✔ 処理を3つ以上に分けたい場合には

　さらに、「elif」を使用すると処理を3つ以上に分割できます。elifは「else if」の略です。この場合の書式は次のようになります。

図 3-12　elifで処理を3つ以上に分ける

```
if 条件式A:
    処理1-1
    処理1-2          ──── 条件Aが成立した場合のブロック
      ⋮
elif 条件式B:
    処理2-1
    処理2-2          ──── 条件Aが成立せず、条件Bが成立した場合のブロック
      ⋮
elif 条件式C:
    処理3-1
    処理3-2          ──── 条件AとBが成立せず、条件Cが成立した場合のブロック
      ⋮
else:
    処理n-1
    処理n-2          ──── いずれの条件も成立しなかった場合のブロック
      ⋮
```

✔ 年齢に応じて料金を表示する

次の例は、ある交通機関における年齢に応じた料金を表示する例です。3才未満は無料、3才以上13才未満は200円、13才以上65才未満は400円、65才以上は無料と表示します。

LIST 3-4 if4.py 📁

```python
age = int(input("年齢を入力してください: "))

if age < 3:
    print("無料です")
elif age < 13:
    print("200円です")
elif age < 65:
    print("400円です")
else:
    print("無料です")
```

図 3-13 実行結果

```
% python3 if4.py Enter
年齢を入力してください: 1 Enter
無料です
% python3 if4.py Enter
年齢を入力してください: 44 Enter
400円です
```

✔ if文のブロック内に別のif文を記述する

制御構造は入れ子にすることができます。たとえば、if文のブロック内に、ほかのif文を記述することでより柔軟な条件を設定できます。

前述のif4.pyは、入力した年齢がマイナスの数値でも、「無料です」と表示されてしまいます。これを変更し、最初のif文で年齢が正の値であることを調べるには次のようにします。マイナスの数値を入力した場合には、「正の整数を入力してください」と表示します。

LIST 3-5 if5.py 📁

```python
age = int(input("年齢を入力してください: "))

if age >= 0:          ●①
    if age < 3:
        print("無料です")
    elif age < 13:
        print("200円です")
    elif age < 65:                    ●②
        print("400円です")
    else:
        print("無料です")
else:
    print("正の整数を入力してください")      ●③
```

❶で変数ageの値が0以上の場合に、❷のブロックが実行されます。このブロックはif4.pyのif文をそのまま記述しています。

変数ageの値がマイナスの場合には❸が実行されます。次に実行結果を示します。

図 3-14 実行結果

```
% python3 if5.py Enter
年齢を入力してください: -9 Enter
正の整数を入力してください Enter
```

if文の階層の深さに応じて、適切にインデントしないとエラーになるので注意してください。

図 3-15 インデントの設定に注意

```
if age >= 0:
    if age < 3:
        print("無料です")
    elif age < 13:
        print("200円です")
```

1段階目のインデント
（半角スペース4つ）

2段階目のインデント
（半角スペース4つ）

if文を活用する

前節の説明でif文の基本的な使い方が理解できたと思います。この節では、if文を使いこなすためのポイントについて説明していきましょう。

☑ 条件式を組み合わせる

「論理演算子」と呼ばれる種類の演算子を使うと、複数の条件を組み合わせることができます。たとえば、「条件aが成り立たない場合」や「条件aが成り立ち、かつ条件bも成り立つ場合」に処理を実行するようにできます。

論理演算子は、bool型の値、つまりTrueとFalseに対して演算を行い、同じくbool型の値を戻す演算子です。

☑ 論理演算子の基本

Pythonの論理演算子には次の3種類があります。

表3-2 論理演算子の種類

論理演算子	例	説明
not	not a	値がTrueの場合にはFalse、Falseの場合にはTrueを戻す
and	a and b	aとbがTrueの場合にTrue、それ以外の場合にはFalseを戻す
or	a or b	aとbのどちらかがTrueの場合にはTrue、それ以外の場合にはFalseを戻す

not演算子を使用すると、条件式の結果を反転させることができます。たとえば値がTrueの場合にはFalse、Falseの場合にはTrueになります。

インタラクティブモードで試してみましょう。

図 3-16 インタラクティブモードでnot演算子を確認

```
>>> not True [Enter]
False
>>> not False [Enter]
True
```

　and演算子を使用すると「〜かつ〜」、or演算子を使用すると「〜もしくは〜」といったbool型の値に対する演算を行えます。

　たとえば、and演算子の場合には左右の値がどちらもTrueの場合のみ結果がTrueとなります。

図 3-17 and演算子を確認

```
>>> True and False [Enter]
False
>>> True and True [Enter]
True
```

or演算子の場合に、少なくともどちらか一方がTrueの場合にTrueとなります。

図 3-18 or演算子を確認

```
>>> True or False [Enter]
True
>>> False or False [Enter]
False
```

✅ 論理演算子を使用してみよう

　次に論理演算子の実際の使用例として、ユーザーが入力した変数ageの値が、3、5、7のいずれかの場合に「七五三です」と表示するプログラムを示します。

LIST 3-6 if6.py 📁

```
age = int(input("年齢を入力してください: "))

if (age == 3) or (age == 5) or (age == 7)      ●①
    print("七五三です")
```

　①の条件式で、or演算子を使用して変数ageの値を調べています。

133

図 3-19

実行結果

```
% python3 if6.py Enter
年齢を入力してください: 3
七五三です
```

☑ 演算子の優先順位に注意

LIST 3-6 if6.pyの❶の条件式では、「(age == 3)」のように値を比較している部分を「( )」で囲っています。実際には「==」演算子のほうがor演算子より優先順位が高いので必ずしも必要ではありませんが、囲ったほうがわかりやすくなるでしょう。

ただし、and演算子とor演算子を組み合わせて使用する場合には注意が必要です。and演算子のほうが優先順位が高いため、or演算子の方法を優先したい場合には必ず「( )」で囲む必要があります。

たとえば、キーボードから入力した数が、100以上でかつ、「3もしくは5の倍数」であることを調べたいとしましょう。

まず、3の倍数であるかは次の式で調べられます。

LIST 3-7 3の倍数かどうかを調べる

```
num % 3 == 0
```

「%」は割り算の余りを求める演算子です。上記のように「num % 3」の結果が0であれば3の倍数であり、式の結果はTrueになります。同様に5の倍数かは、「num % 5 == 0」で調べられます。100以上であるかは「num >= 100」でわかりますね。

ただし、次のようにif文を記述してもうまくいきません「(num % 5 == 0) and (num >= 100)」のほうが優先され、「100以上の5の倍数」もしくは「任意の3の倍数」と判断されるからです。

LIST 3-8 間違いの例

```
if (num % 3 == 0) or (num % 5 == 0) and (num >= 100):
```
こちらが優先されてしまう

正しくは「(num % 3 == 0) or (num % 5 == 0)」を「( )」で囲って次のようにします。

LIST 3-9 if7.py

```
num = int(input("数値を入力してください: "))

if ((num % 3 == 0) or (num % 5 == 0)) and (num >= 100):
    print("100以上の、3もしくは5の倍数です")
```

図 3-20 実行結果

```
% python3 if7.py Enter
数値を入力してください： 105
100以上の、3もしくは5の倍数です
```

Pythonにはswitch文はない

C言語やJavaScript言語には値によって処理を複数に分岐するswitch文があります
が、Pythonにはありません。ifと複数のelifを組み合わせることで同様の処理が行え
ます。

☑ 閏年の判定プログラムを作成する

　続いて、キーボードから西暦の年を入力し、それが閏年かどうかを判定するプログラムを作成し
てみましょう。

　さて、ここで問題です。西暦の年が閏年かどうかはどうしたら判定できるでしょうか?

　じつは、閏年かどうかは次のようにして判断できます。

- 閏年であるためには西暦の年が4で割り切れる必要がある
- ただし、100で割り切れる年は閏年ではない
- ただし、400で割り切れる年は必ず閏年である

　したがって次の年は閏年です。

- 1200年、1600年、2000年、2004年

　次の年は閏年ではありません。

- 1500年、1700年、1800年、1900年

　つまり、次のような条件が成り立てば閏年です。

- (「4で割り切れる」and「100で割り切れない」) or「400で割り切れる」

したがって、変数yearの値が閏年かどうかは次のような条件式で判定できます。

図 3-21 閏年を求める式

```
((year % 4 == 0) and  (year % 100 != 0)) or (year % 400 == 0)
```

以上のことをもとに、閏年判定プログラムを示します。

LIST 3-10 leap_year1.py 🗁

```
year = int(input("年の値を入力してください: "))

if ((year % 4 == 0) and  (year % 100 != 0)) or (year % 400 == 0):
    print(str(year) + "年は閏年です")
else:
    print(str(year) + "年は閏年ではありません")
```

図 3-22 実行結果

```
% python3 leap_year1.py [Enter]
年の値を入力してください: 2012
2012年は閏年です
```

✔ 月から季節名を表示するプログラムを作成する

別の例として、キーボードから入力した月の値から、春、夏、秋、冬といった季節名を表示するプログラムを示します。

LIST 3-11 season1.py 🗁

```
month = int(input("月の値を入力してください: "))

if (month == 12) or (month ==1 ) or (month == 2):      ──①
    print("冬")
elif (month >= 3) and (month <= 5):          ──②
    print("春")
elif (month >= 6) and (month <= 8):
    print("夏")
elif (month >= 9) and (month <= 11):
    print("秋")
else:
    print("1~12の値を入力してください")
```

❶の冬の判定は、or演算子を使用して変数monthの値が12、1、2のいずれかであることを確認しています。そのほかの季節は、次のように、and演算子を使用して「〜以上かつ〜以下」という条件を設定しています。

図 3-23 ❷の条件式

(month >= 3) and (month <= 5)

3以上　　　　かつ　　　　5以下

この条件式は次のようにシンプルに記述することもできます。

図 3-24 上記の条件式の書き換え

3 <= month <=5

これを使用してseason1.pyを書き直すと次のようになります。

LIST 3-12 season2.py

```python
month = int(input("月の値を入力してください: "))

if (month == 12) or (month ==1 ) or (month == 2):
    print("冬")
elif 3 <= month <= 5:
    print("春")
elif 6 <= month <= 8:
    print("夏")
elif 9 <= month <= 11:
    print("秋")
else:
    print("1~12の値を入力してください")
```

実行結果はどちらも同じです。

図 3-25 実行結果

```
% python3 season2.py Enter
月の値を入力してください: 10
秋
```

✔ リストやタプルの要素であることを調べる

in演算子を使用すると、値がリストやタプルの要素であることを調べられます。まずは、インタラクティブモードで試してみましょう。

ある整数がリスト「[1, 2, 3]」の要素であるかどうかを調べるには次のようにします。

図 **3-26** リストの要素であることを調べる

```
>>> 3 in [1, 2, 3] Enter
True
>>> 4 in [1, 2, 3] Enter
False
```

次に、ある文字列がタプル「("春", "夏", "秋", "冬")」の要素であるかを調べる例を示します。

図 **3-27** タプルの要素であることを調べる

```
>>> "春" in ("春", "夏", "秋", "冬") Enter
True
>>> "山" in ("春", "夏", "秋", "冬") Enter
False
```

逆に、値がリスト／タプルに含まれないことを調べるにはnot in演算子を使用します。

図 **3-28** リスト／タプルに含まれないことを調べる

```
>>> 9 not in [1, 2, 3] Enter
True
```

なお、inおよびnot inは、ある文字列が別の文字列に含まれるかを調べるためにも使用できます。

図 **3-29** 別の文字列に含まれるかを調べる

```
>>> "月" in "月火水木金" Enter
True
>>> "水木" in "月火水木金" Enter
True
>>> "日" in "月火水木金" Enter
False
```

☑ in演算子を使用して月の値から季節名を表示する

season2.py（P.137）では比較演算子とand/or演算子を組み合わせて、季節を判定していましたが、次のようにin演算子を使用してタプルの要素に含まれているかで判定することもできます。

LIST 3-13 season3.py 📁

```python
month = int(input("月の値を入力してください: "))

if month in (12, 1, 2):
    print("冬")
elif month in (3, 4, 5):
    print("春")
elif month in (6, 7, 8):
    print("夏")
elif month in (9, 10, 11):
    print("秋")
else:
    print("1~12の値を入力してください")
```

次に、実行結果を示します。

図 3-30 実行結果

```
% python3 season3.py [Enter]
月の値を入力してください: 5 [Enter]
春
```

☑ | 条件判断を簡潔に記述できる条件演算式

if文を簡略化したものに条件演算式（3項演算子）があります。次のような書式になります。条件式が成り立つ場合には「値1」を、成り立たない場合には「値2」を戻します。

図 3-31 条件演算式（3項演算子）

値1 if 条件式 else 値2

たとえば、変数ageの値が20未満の場合には「"未成年"」、20以上の場合には「"成人"」という、文字列を変数msgに格納するには次のようにします。

図 3-32 条件演算式の例

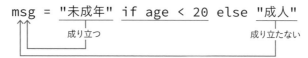

msg = "未成年" if age < 20 else "成人"

成り立つ　　　　　　　　　　　　成り立たない

　以上のことをもとに、キーボードから年齢を入力して「未成年」「成人」を判断するプログラム
を示します。

LIST 3-14 age1.py 📁

```
age = int(input("年齢を入力してください: "))
print("未成年" if age < 20 else "成人")          ❶
```

❶では、条件演算子の結果を直接print()関数の引数にしています。次に実行結果を示します。

図 3-33 実行結果

```
% python3 age1.py [Enter]
年齢を入力してください: 15 [Enter]
未成年
% python3 age1.py [Enter]
年齢を入力してください: 20 [Enter]
成人
```

条件式が成り立つのはどんなとき？

これまでの例では、if文などで条件式が成り立つのは値がTrueのときでした。じつは、Pythonでは、次のような場合に条件式が成り立つとみなされます。

- bool型ではTrueの場合
- 数値型では0以外の場合
- 文字列では空文字列以外の場合
- リストでは値が空ではない場合

次の例を見てみましょう。

LIST 3-15 if_test1.py 📁

```python
str = input("文字列を入力してください: ")
if str:          ●——❶
    print("条件式はTrue")      ●——❷
else:
    print("条件式はFalse")      ●——❸
```

❶でキーボードから入力された文字列を、そのままif文の条件式に設定しています。真であれば❷で「条件式の結果はTrue」、偽であれば❸で「条件式はFalse」と表示しています。

実際に実行してみると、文字列をタイプして Enter を押すと、結果は真となり「条件式の結果はTrue」と表示されます。一方、単に Enter を押すと、変数strは空文字列になるため結果は偽となり「条件式の結果はFalse」と表示されます。

図 3-34 実行結果

```
% python3 if_test1.py Enter
文字列を入力してください: test Enter
条件式はTrue
% python3 if_test1.py Enter
文字列を入力してください: Enter        ●——単に Enter を押す
条件式はFalse
```

なお、bool型の値であるTrueとFalseは、それぞれ整数値の1、0のように扱うこともできます。インタラクティブモードで試してみましょう。

図 3-35 Trueは1、Falseは0として扱える

```
>>> True + 2 Enter        ●——Trueに2を足す
3
>>> False == 0 Enter      ●——Falseと0を比較する
True
```

CHAPTER 3

処理を繰り返す

03

条件判断と並んで重要な制御構造がループ（繰り返し）です。Pythonには「for文」と「while文」という2種類のループが用意されています。それらの基本的な使い方について説明しましょう。

✔ | ループはなぜ必要

さてプログラミングにおいてなぜループが必要なのでしょうか？ そのメリットは何でしょう？ たとえば、名前が格納されている1000人分のリストがあったとします。

LIST 3-16 1000人分のリスト

```
names = ["田中一郎", "山田肇", ...., "小林花子"]
```

ループを使用しないで、要素をすべて表示するには1000行のprint()関数が必要になります。

イラスト 3-3 要素をすべて表示するには1000行のprint()関数を書かなければならない

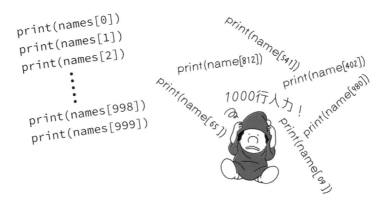

しかし、ループを使用すると、同じ処理がわずか数行で行えるのです。

☑ for文を使ってみよう

Pythonに用意されているループのための制御構造として、まずfor文の使い方を説明していきましょう。

☑ for文の書式

Pythonのfor文は、JavaScriptやC言語などのfor文と使い方が多少異なります。次に書式を示します。

図 3-36 for文の書式

```
for 変数 in イテレート可能なオブジェクト：
        処理1
        処理2
         ⋮
```

inのうしろの「イテレート可能なオブジェクト」とは何でしょうか？「イテレート」(iterate)とは日本語では「繰り返し処理する」というような意味です。オブジェクトから順に要素をひとつずつ取り出せることを表します。

たとえば、リストやタプル、文字列などのシーケンス型がイテレート可能なオブジェクトです。リストやタプルは要素が順に取り出され、文字列の場合は最初から1文字ずつ取り出されます。

イテレート可能なオブジェクトは、for文実行時に「イテレータ」と呼ばれる種類のオブジェクトに変換され、ループのたびに要素が順に取り出され、変数に格納されます。for文のブロックではその変数を使用して、各要素に対して処理を行えばよいわけです。

図 3-37 変数numを使用して処理を行う

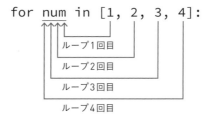

☑ リストから要素を順に取り出す

これだけの説明では、for文の働きがよくわからないかもしれないので、シンプルな例を示しましょう。たとえば次のような曜日が順に格納されているリストlstがあるとします。

```
lst = ["日曜日", "月曜日", "火曜日", "水曜日", "木曜日", "金曜日", "土曜日"]
```

このリストの要素を順に表示する例は次のようになります。

LIST 3-18 for1.py

```
lst = ["日曜日", "月曜日", "火曜日", "水曜日", "木曜日", "金曜日", "土曜日"]

for day in lst:        ──❶
    print(day)         ──❷
```

❶のfor文が実行されるとリストlstがイテレータに変換され、ループのたびに要素が順に変数dayに格納されていきます。❷のprint()文でそれを表示しています。

次に、実行例を示します。

図 3-38
実行結果

```
% python3 for1.py Enter
日曜日
月曜日
火曜日
水曜日
木曜日
金曜日
土曜日
```

Column

イテレータの働きを見てみよう

　for文では、inのあとに記述したリストなどのイテレート可能なオブジェクトが自動的にイテレータに変換されました。イテレータとは具体的には組み込み型であるイテレータ型（iterクラス）のオブジェクトです。イテレート可能なオブジェクトは、コンストラクタであるiter()を使用してイテレータに変換できます。

図 3-39 iter()コンストラクタ

iter(オブジェクト)

イテレート可能なオブジェクトを
イテレータに変換する

イテレータでは、次の要素を取得するnext()組み込み関数が利用できます。要素がなくなると「StopIteration」というエラーが発生します。

図 3-40 next()関数

next(イテレータ)

引数で指定したイテレータの次の要素を取得する

インタラクティブモードで試してみましょう。

図 3-41 インタラクティブモードで確認

```
>>> lst = ["春", "夏", "秋", "冬"] Enter
>>> itr = iter(lst) Enter          ●────[ リストをイテレータに変換 ]
>>> next(itr) Enter     ●────[ 最初の要素を取り出す ]
'春'
>>> next(itr) Enter     ●────[ 次の要素を取り出す ]
'夏'
>>> next(itr) Enter     ●────[ 次の要素を取り出す ]
'秋'
>>> next(itr) Enter     ●────[ 次の要素を取り出す ]
'冬'
>>> next(itr) Enter     ●────[ 次の要素を取り出す ]
Traceback (most recent call last):
  File "<stdin>", line 1, in <module>
StopIteration     ●────[ 要素がなくなったのでStopIterationが発生 ]
```

同様に文字列もiter()でイテレータに変換できます。next()関数を実行すると、イテレータに変換された文字列から1文字ずつ取り出せます。

図 3-42 インタラクティブモードで確認

```
>>> itr = iter("abc") Enter
>>> next(itr) Enter
'a'
>>> next(itr) Enter
'b'
>>> next(itr) Enter
'c'
```

☑ rangeオブジェクトでカウントアップ／ダウンする

ループを使用した処理では、0、1、2、3、....とカウントアップしていくカウンタとして使用する変数を用意して、それを基準にブロック内の処理を実行するといったことがしばしばあります。

そのような場合にはrangeオブジェクトを使用します。次にコンストラクタを示します。

図 3-43 range()コンストラクタ

range([開始,] 終了[, ステップ])
開始から終了までをカウントするrangeオブジェクトを戻す。
最後の引数ではカウントアップするステップ数を指定できる

range()コンストラクタは、カウンタとして使用するrangeオブジェクトを戻します。たとえば最初の引数を省略すると0から、最後の引数のステップを省略すると1ずつカウントアップします。

引数をひとつだけ指定した場合にはカウントの終わりを指定します。ただしその値は含まれないので注意してください。たとえば、0から9まで1ずつカウントアップするrangeオブジェクトを生成するには、引数に「10」を指定して次のようにします。

LIST 3-19　0から9まで1ずつカウントアップするrangeオブジェクトを生成

```
range(10)
```

rangeオブジェクトはイテレート可能なオブジェクトなので、for文で使用できます。次に、0から9までの整数値をprint()文で表示する例を示します。

LIST 3-20　range1.py 📁

```
for counter in range(10):
    print(counter)
```

図 3-44
実行結果

```
% python3 range1.py Enter
0
1
2
3
4
5
6
7
8
9
```

✅ ステップ数を指定する

range()コンストラクタの最後の引数で、ステップ数つまりいくつずつカウントアップするかを指定できます。この場合、最初の引数でどこから開始するかを指定する必要があります。次に、3から30までの3の倍数を表示する例を示します。

LIST 3-21 range2.py 📁

```
for counter in range(3, 31, 3):
    print(counter)
```

次に実行結果を示します。

図 3-45
実行結果

```
% python3 range2.py Enter
3
6
9
12
15
18
21
24
27
30
```

✅ カウントダウンする

range()コンストラクタの引数で開始の数値を、終了の数値より大きくし、ステップにマイナスの値を指定することでカウントダウンすることもできます。次の例は10から0までカウントダウンします。

range()の最初の引数には10を、2番目の引数は-1を、最後の引数には-1を指定しています。

LIST 3-22 range3.py 📁

```
for counter in range(10, -1, -1):
    print(counter)
```

次に実行結果を示します。

図 3-46
実行結果

```
% python3 range3.py [Enter]
10
9
8
7
6
5
4
3
2
1
0
```

終了値に注意

終了を指定する2番目の引数には「0」ではなく「-1」を指定する点に注意してください。

✔ 整数の総和を求める

rangeオブジェクトの使用例として、数値の「1」から、キーボードで入力された数値までの総和を求める例を示しましょう。

LIST 3-23 sum1.py 📁

```
end = int(input("最後の数値を入力してください: "))

sum = 0                    ●———————❶
for num in range(1, end + 1):        ●————————❷
    sum += num         ●————————❸

print(str(end) + "までの総和: ", sum)
```

❶で合計を管理する変数sumを用意し「0」に初期化しています。❷ではrange()により、「1」からキーボードで入力された数値（end）までカウントアップするようにしています。for文でrangeオブジェクトからカウンタとして使用する数値を取り出し変数numに格納しています。❸では変数sumに対して変数numの値を加えていくことで、合計の値を求めます。

実際に実行してみましょう。

図 3-47 実行結果

図 3-47 実行結果

```
% python3 sum1.py
最後の数値を入力してください: 10 [Enter]
10までの総和: 55
```

✔ rangeオブジェクトをリストに変換するには

rangeオブジェクトを、list()コンストラクタの引数とすることで、その数値を要素とするリストに変換することもできます。たとえば、0、10、20、30、…、100を要素とするリストを生成するには次のようにします。

図 3-48 rangeオブジェクトをlist()コンストラクタの引数にする

```
>>> list(range(0, 101, 10)) [Enter]
[0, 10, 20, 30, 40, 50, 60, 70, 80, 90, 100]
```

✔ whileループの利用

forループと並んで一般的なループにwhileループがあります。whileループは、ある条件が成り立っている間、ブロックで指定した処理を繰り返すものです。書式は次のようになります。

図 3-49 whileループの書式

```
while 条件:
    処理1
    処理2
     ︙
```

次のプログラムは、0からキーボードで指定した数までの総和を求めるプログラム「sum1.py」を、whileループで書き直したものです。この場合、カウンタとして使用する変数counterを別に用意する必要があります。

```python
end = int(input("最後の数値を入力してください: "))
sum = 0
counter = 0          ──①
while counter <= end:        ──②
    sum = sum + counter      ──③
    counter += 1      ──④

print(str(end) + "までの総和: ", sum)
```

①でカウンタとする変数counterを0に初期化しています。②のwhile文の条件式では変数counterの値が変数endの値以下である間、ブロックを繰り返しています。ブロック内では、③で合計を求めるためのsumにcounterの値を足しています。④でcounterの値をカウントアップしている点に注意してください。

図 3-50 実行結果

```
% python3 sum2.py [Enter]
最後の数値を入力してください: 10
10までの総和: 55
```

Pythonには「do〜whileループ」はない

JavaScriptなどでは、条件の判定を最後に行うwhileループである「do〜whileループ」がありますが、Pythonにはありません。

ループを活用する

前節の説明でfor文とwhile文の基本的な使い方が理解できたと思います。この節では、ループの中断方法や、リストの要素とインデックスを同時に取得する方法などループを活用したテクニックについて説明していきましょう。

✓ | ループを中断するbreak文

break文を使用すると、ループの処理を中断してブロックを抜けることができます。たとえば、forループ内で、if文で条件判断を行い、ある条件を満たしたらループを終了するといった使い方ができます。

図 3-51 break文

```
for ～:
    ⋮
    if 条件式:      ●―― 条件が成立したら
        break      ●―― ループを抜ける
```

次のような、単語が格納されているリストがあるとしましょう。

LIST 3-25 wordsリスト

```
words = ["旅行", "桜", "テレビ", "終了", "岸辺", "ラジオ"]
```

for文を使用してこのリストの要素を順に表示していき、要素が「"終了"」であれば、「*ループを中断しました」と表示してループを抜けるには次のようにします。

```
words = ["旅行", "桜", "テレビ", "終了", "岸辺", "ラジオ"]

for word in words:
    if word == "終了":
        print("*ループを中断しました")
        break
    print(word)
```

実行してみましょう。

図 3-52 実行結果

```
% python3 break1.py Enter
旅行
桜
テレビ
*ループを中断しました
```

✔ whileループでbreak文を使用する

break文および次に説明するcontinue文は、forループだけでなくwhileループでも使用可能です。次の例は、ループのたびに「"秘密の単語を入力してください"」と表示し、ユーザーがあらかじめ変数secretに登録された単語を入力するとwhileループを抜けます。

LIST 3-27 break2.py 📁

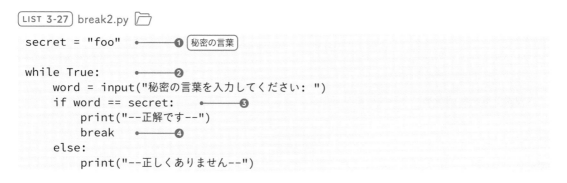

```
secret = "foo"          ●──❶ 秘密の言葉

while True:             ●──❷
    word = input("秘密の言葉を入力してください: ")
    if word == secret:  ●───────❸
        print("--正解です--")
        break  ●───❹
    else:
        print("--正しくありません--")
```

❶で変数secretに秘密の言葉を設定しています。

❷でwhileの条件にbool型の値「True」を指定していることに注目してください。こうすると条件は常に成り立ちますので、ループのブロックが無限に繰り返されます。

❸のif文では入力した文字列と変数secretの値を比較し、同じであれば、❹のbreak文でwhileループを抜けます。次に実行例を示します。

図 3-53 実行結果

```
% python3 break2.py Enter
秘密の言葉を入力してください: hay Enter
--正しくありません--
秘密の言葉を入力してください: abc Enter
--正しくありません--
秘密の言葉を入力してください: foo Enter
--正解です--
```

無限ループの注意点

　while文の条件式にTrueを指定すると条件が常に成り立つため、ループが永遠に繰り返されるいわゆる無限ループとなります。

　無限ループでは、適切にif文とbreak文を組み合わせてループを抜けるようにしておかないと、文字通り無限にループしてしまうので注意してください。

図 3-54 無限ループを避けるための手立てが必要

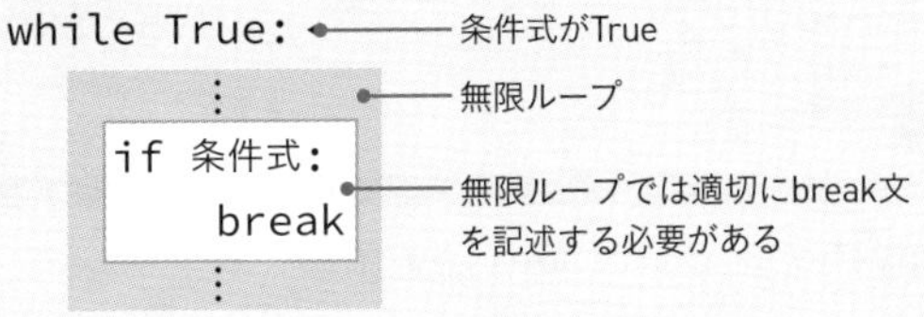

```
while True:         ←──── 条件式がTrue
    ┊               ←──── 無限ループ
    if 条件式:
        break       ←──── 無限ループでは適切にbreak文
    ┊                      を記述する必要がある
```

　なお、無限ループを強制的に終了するには control （Windowsの場合は Ctrl ＋ C ）を押します。

✔ **ループの先頭に戻るcontinue文**

　前述のbreak文ではループを抜けました。それに対してcontinue文を使用すると、現在実行中のループ処理を中断してブロックの先頭に戻ります。

図 3-55 continue文

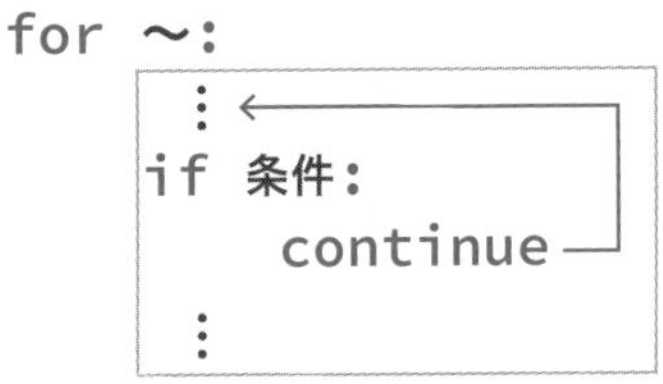

```
for ~:
    ┊       ←┐
    if 条件:  │
        continue ┘
    ┊
```

たとえば、次のような単語が格納されているリストwordsがあるとしましょう。

LIST 3-28 リストwords

```
words = ["旅行", "桜", "テレビ", "NG", "岸辺", "ラジオ"]
```

このリストの要素の中で、「"NG"」以外の要素を表示するには、continue文を使って次のように記述できます。

LIST 3-29 continue1.py 📁

```
words = ["旅行", "桜", "テレビ", "NG", "岸辺", "ラジオ"]

for word in words:
    if word == "NG":          ●━━━━━❶
        continue              ●━❷
    print(word)              ●━❸
```

❶のif文でリストから取り出した要素wordが「"NG"」ならば、❸は実行されず❷のcontinue文で次のループに進みます。次に、実行結果を示します。

図 3-56 実行結果

```
% python3 continue1.py Enter
旅行
桜
テレビ
岸辺
ラジオ
```

✔ ループごとにインデックスと要素を取得するenumerate()関数

forループにおいて、リストやタプルなどを処理する場合に、インデックスと要素を同時に取得したい場合にはどうすればよいでしょう？

たとえば、次のようなリストがあるとします。

LIST 3-30 リストcountries

```
countries = ["フランス", "アメリカ", "中国", "ドイツ", "日本"]
```

これを次のような形式で表示したいとします。

図 3-57 以下のように表示したい

```
1:    フランス
2:    アメリカ
3:    中国
4:    ドイツ
5:    日本
```

ここまでの説明を理解していればいくつかの方法が思いつくでしょう。復習をかねて簡単に紹介しておきましょう。

☑ カウンタ用の変数を用意する

まずカウンタ用の変数を別に用意して、forループではリストcountriesをイテレートするという方法があります。

LIST 3-31 enum1.py 📁

```python
countries = ["フランス", "アメリカ", "中国", "ドイツ", "日本"]

cnt = 0          ●———————❶
for country in countries:          ●————❷
    print(str(cnt + 1) + ": ", country)          ●————❸
    cnt += 1          ●————❹
```

❶でカウンタ用の変数cntを0に初期化しています。❷のfor文ではcountriesをイテレートして要素を順に変数countryに格納しています。❸では「変数cnt + 1」と、変数countryの内容をprint()関数で表示しています。❹でカウンタ用の変数cntをカウントアップしています。

☑ range()関数を使用する

別の方法として、rangeオブジェクトをイテレートしてリストの要素のインデックスとして使用することができます。

LIST 3-32 enum2.py 📁

```python
countries = ["フランス", "アメリカ", "中国", "ドイツ", "日本"]

for num in range(len(countries)):          ●————❶
    print(str(num + 1) + ": ", countries[num])          ●————❷
```

❶でrangeオブジェクトにより0からリストcountriesの要素数までの整数値numを取り出し、❷でリストcountriesのインデックスにその整数値を指定して要素を表示しています。

✓ enumerate()関数を使う

続いて、よりスマートな方法として、リストなどのインデックスと要素のペアを順にタプルにしてイテレート可能なenumerate()組み込み関数を紹介しましょう。

図 3-58 enumerate()関数

enumerate(**イテレート可能なオブジェクト**)

インデックスと要素のペアをタプルにして順に戻す

次にリストを示します。

LIST 3-33 enum3.py 📁

```
countries = ["フランス", "アメリカ", "中国", "ドイツ", "日本"]

for index, country in enumerate(countries):          ●❶
    print(str(index + 1) + ": ", country)
```

❶でenumerate()関数の引数にリストcountriesを指定します。こうすると、リストcountriesから、インデックスと要素のペアが順にタプルとして取り出され、変数indexと変数countryに格納されていきます。

図 3-59 リストcountriesから、インデックスと要素のペアが順に取り出される

```
for index, country in enumerate(countries):
```

0	フランス
1	アメリカ
2	中国
⋮	⋮

✓ zip()関数により複数のリストから要素を順に取り出す

zip()組み込み関数を使用すると、引数で指定した複数のリストの要素を順にまとめてタプルとして戻すことができます。

図 3-60 zip()関数

zip(**リスト1，リスト2，...**)

複数のリストをイテレートして、要素をまとめてタプルとして戻す

たとえば、次のようなふたつのリストがあるとします。

LIST 3-34 リストweekday1とweekday2

```
weekday1 = ["Sun", "Mon", "Tue", "Wed", "Thu", "Fri", "Sat"]
weekday2 = ["日", "月", "火", "水", "木", "金", "土"]
```

両者の要素のペアを順に次のような形式で表示したいとしましょう。

図 3-61 以下のように表示したい

```
Sun: 日
Mon: 月
Tue: 火
Wed: 水
Thu: 木
Fri: 金
Sat: 土
```

そのためには、次のようにzip()関数を使用します。

LIST 3-35 zip1.py 📁

```
weekday1 = ["Sun", "Mon", "Tue", "Wed", "Thu", "Fri", "Sat"]
weekday2 = ["日", "月", "火", "水", "木", "金", "土"]

for (eng, jpn) in zip(weekday1, weekday2):          ●———❶
    print(eng + ": " + jpn)          ●——❷
```

❶のfor文で、zip()関数を使用してリストweekday1とweekday2の要素を順にタプルとして戻し、変数engと変数jpnに格納しています。❷でprint()関数を使用して表示しています。

☑ 要素数が異なる場合は？

なお、zip()関数の引数にしたリストの要素の数が異なる場合には、いずれかの要素がなくなった場合にループを終了します。

LIST 3-36 zip2.py 📁

```
weekday1 = ["Sun", "Mon", "Tue"]     ●———❶
weekday2 = ["日", "月", "火", "水", "木", "金", "土"]     ●————❷

for (eng, jpn) in zip(weekday1, weekday2):
    print(eng + ": " + jpn)
```

この例では❶のリストweekday1は要素数が3、❷のリストweekday2の要素数は7です。この場合、3つのペアが取り出された時点でループは中断します。

図 3-62 実行結果

```
% python3 zip2.py Enter
Sun: 日
Mon: 月
Tue: 火
```

✅ 3つ以上のシーケンス型を組み合わせる

zip()関数では、3つ以上のイテレート可能なオブジェクトを引数として、それらの要素を組み合わせたタプルを戻すこともできます。次に3つの文字列を組み合わせる例を示します。

LIST 3-37 zip3.py 📁

```
str1 = "SMTWTFS"
str2 = "uouehra"
str3 = "nneduit"

for (w1, w2, w3) in zip(str1, str2, str3):          ●①
    print(w1 + w2 + w3)
```

①で文字列str1、str2、str3をzip()関数の引数として、for文で1文字ずつ取り出してそれぞれ変数w1、w2、w3に代入しています。

次に実行結果を示します。

図 3-63 実行結果

```
% python3 zip3.py Enter
Sun
Mon
Tue
Wed
Thu
Fri
Sat
```

☑ elseでループが完了した場合の処理を記述する

Pythonのforループで特徴的なのは、ループが完了した場合の処理を記述できる点です。それには、if文のときにも使用したelseによるブロックを記述します。

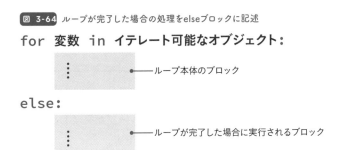

図 3-64 ループが完了した場合の処理をelseブロックに記述

```
for 変数 in イテレート可能なオブジェクト:
        ⋮              ――――ループ本体のブロック

    else:
        ⋮              ――――ループが完了した場合に実行されるブロック
```

注意点としてはbreak文によりループを抜けた場合にはelseのブロックは実行されないということです。P.152のbreak1.pyをもう一度見てみましょう。

LIST 3-38 break1.py（P.152）📁

```python
words = ["旅行", "桜", "テレビ", "終了", "岸辺", "ラジオ"]

for word in words:
    if word == "終了":
        print("*ループを中断しました")
        break
    print(word)
```

リストwordsの要素を順に表示し、「終了」があればそこでループを中断しています。break1.pyを変更し、もし、リストwordsの要素に「"終了"」がない場合には、「＊ループが完了しました」と表示したいとしましょう。それには次のようにelseによるブロックを記述します。

LIST 3-39 else1.py 📁

```python
words = ["旅行", "桜", "テレビ", "終了", "岸辺", "ラジオ"]

for word in words:
    if word == "終了":
        print("*ループを中断しました")
        break          ――❶
    print(word)
else:
    print("*ループが完了しました")      ――❷
```

もし要素に「"終了"」があれば、❶のbreak文が実行され、forループを抜けます。❷のelseの
ブロックも実行されません。

図 3-65 実行結果

```
% python3 else1.py [Enter]
旅行
桜
テレビ
*ループを中断しました
```

リストwordの要素に「"終了"」がない場合には、ループが完了しelseのあとの❷のprint()関数
により「*ループが完了しました」と表示されるわけです。
実際に、リストwordsの要素から「"終了"」を削除してみましょう。

LIST 3-40 リストwords

```
words = ["旅行", "桜", "テレビ", "岸辺", "ラジオ"]
```

この状態で実行すると「*ループが完了しました」と表示されます。

図 3-66 実行結果

```
% python3 else1.py [Enter]
旅行
桜
テレビ
岸辺
ラジオ
*ループが完了しました
```

例外の処理について

プログラムの実行時に発生するエラーのことを「例外」といいます。この節では、
発生した例外を適切に処理してプログラムが終了しないようにする方法について
説明します。

✔ 例外とは何だろう

　プラグラムの実行時に意図しないエラーが発生することがあります。たとえば、int()コンストラ
クタで文字列を数値に変換しようとしたとき、整数に変換できない文字が引数に含まれていた場合
などです。そのようなエラーのことを「例外」(Exception) といいます。発生した例外を処理しな
いでおくとプログラムはその時点で中断します。

✔ 例外が発生するのはどんなとき?

　プログラミングを行う上で、そのようなエラーにどのように対処するかは面倒なものですが、
Pythonなど最近のプログラミング言語では「例外処理」という手法で、エラーへの対処をわかり
やすく記述できます。
　たとえば、Pythonでは次のようなケースで例外が発生します。

- 例1）整数を0で割る
- 例2）int()の引数に「"ABC"」のような数でない文字列を指定した

✔ 例外を発生させてみよう

　まずは、例外とは何かを把握するために、実際の例外を発生させてみましょう。次に、P.129で
解説した、キーボードから入力した点数で合否を判定するif3.pyを示します。

161

LIST 3-41 if3.py（P.129）

```python
score = int(input("点数を入力してください: "))    ●①

if score >= 80:
    print("合格です")
else:
    print("不合格です")
```

①で、キーボードから入力した文字列をint()で整数に変換している点に注目してください。
if3.pyを実行し「abc Enter」のように文字列を入力した結果を示します。

図 3-67 実行結果

```
% python3 if3.py Enter
点数を入力してください: abc Enter
Traceback (most recent call last):
  File "if3.py", line 1, in <module>
    score = int(input("点数を入力してください: "))
ValueError: invalid literal for int() with base 10: 'abc'    ●①
```

「"abc"」は整数に変換できないため、プログラムはエラーで終了します。①で「ValueError」
と表示されていますが、これが例外です。ValueErrorは、関数や演算で適切でない値を受け取った場合に発生する例外です。
　例外はインタラクティブモードでも発生します。インタラクティブモードを起動し、試しに適当な数値を「0」で割ってみましょう。

図 3-68 「例外」を告知するメッセージ

```
>>> 9 / 0 Enter
Traceback (most recent call last):
  File "<stdin>", line 1, in <module>
ZeroDivisionError: division by zero    ●①
```

①のように「ZeroDivisionError」という数値を0（ゼロ）で割った例外が発生したことがわかります。

例外を処理する ✔

Pythonプログラムにおける例外処理とは「発生した例外を捕まえて、あと始末をすること」と考えてください。

次に、例外処理の基本的な書式を示します。

図 3-69 例外処理の基本的な書式

```
try:
        例外が発生する可能性がある処理        ━━━❶
except 例外:
        例外が発生した場合の処理        ━━━❷
```

❶のtryのブロックに例外が発生するかもしれない処理を記述します。exceptでは捕まえる例外を指定します。もし❶で、exceptで指定した例外が発生した場合には、プログラムは中断しないで、❷のブロックに記述した処理が実行されます。

次に、if3.pyを変更し、ValueError例外を捕まえて「"数値を入力してください"」というメッセージを表示する例を示します。

LIST 3-42 exception1.py 📁

```
import sys        ━━━❶

try:        ━━━❷
    score = int(input("点数を入力してください: "))
except ValueError:        ━━━❸
    print("数値を入力してください")        ━━━❹
    sys.exit()        ━━━❺

if score >= 80:
    print("合格です")
else:
    print("不合格です")
```

ここでは例外が発生したらメッセージを表示してプログラムを終了します。途中でプログラムを終了させるにはsysモジュールのexit()関数を使用します。

❶でsysモジュールをインポートしています。❷のtryのブロックでは入力された文字列の数値への変換を行っています。

❸のexceptでValueError例外を捕まえて、❹で「数値を入力してください」というメッセージを表示し、❺の「sys.exit()」でプログラムを終了しています。

163

図 3-70 実行結果

```
% python3 exception1.py [Enter]
点数を入力してください: abc [Enter]
数値を入力してください
```

☑ 任意の例外を捕まえる

前述の例「exception1.py」ではValueError例外を捕まえましたが、exceptで例外を指定しないと任意の例外を捕まえることができます。次に、任意の例外を捕まえるようにexception1.pyを変更した例を示します。

LIST 3-43 exception2.py 📁

```
import sys

try:
    score = int(input("点数を入力してください: "))
except:          ●①
    print("数値を入力してください")
    sys.exit()

if score >= 80:
    print("合格です")
else:
    print("不合格です")
```

今度は❶のexceptに特定の例外を指定していない点に注目してください。

☑ 捕まえる例外を複数指定する

exceptのあとに、タプルを使用して複数の例外を指定することもできます。

図 3-71 exceptに複数の例外を指定

```
try:
    例外が発生する可能性がある処理
except （例外1, 例外2）:
    例外1、もしくは例外2が発生した場合の処理
```

また、複数のexceptを使用して例外を個別に処理することもできます。

図 3-72 複数のexceptを使用して例外を個別に処理

```
try:
    例外が発生する可能性がある処理
except  例外1:
    例外1が発生した場合の処理
except  例外2:
    例外2が発生した場合の処理
```

☑ 例外が発生しなかった場合の処理を記述する

try〜except文にelseを加えると、exceptで指定したすべての例外が発生しなかった場合の処理を加えることができます。

図 3-73 複数のexceptを使用して例外を個別に処理

```
try:
    例外が発生する可能性がある処理
except  例外1:
    例外1が発生した場合の処理
except  例外2:
    例外2が発生した場合の処理
else:
    例外が発生なかった場合の処理
```

次に、 LIST 3-43 exception2.pyを、try〜except〜elseを使用するように変更して、数値を入力した場合にはその点数を表示する例を示します。

LIST 3-44 exception3.py 📁

```
try:
    score = int(input("点数を入力してください: "))
except:                    ●──── ❶
    print("数値を入力してください")
else:
    print("入力した点数:", score)
    if score >= 80:
        print("合格です")
    else:
        print("不合格です")
```

❷はelseの処理としてprint()関数で点数を表示しています。また❸のif文はelseのブロックの内部に移動しています。また、❶のexceptのブロックではsys.exit()文が不要になります。

次に点数として「55」を入力した結果を示します。

実行結果

```
% python3 exception3.py Enter
点数を入力してください: 55 Enter
入力した点数: 55 ●──────┐❷の結果
不合格です
```

Column

例外クラスの階層構造について

Pythonにおける例外は、例外クラスのインスタンスです。例外クラスはBaseExceptionクラスを頂点とする階層構造になっています。次に例外クラスの階層構造の一部を示します。

図 3-75 例外クラスの階層構造（一部）

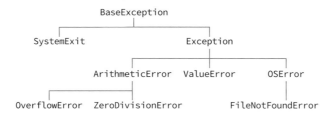

オブジェクト指向言語ではクラスの階層構造において、継承元である祖先のクラスを「スーパークラス」、それから派生する子孫のクラスを「サブクラス」といいます。たとえば「ValueErrorクラスのスーパークラスはExceptionクラス」、逆に「ValueErrorクラスはExceptionクラスのサブクラスである」という言い方をします。

例外をキャッチするには、発生する例外のクラスそのものではなく、そのスーパークラスを指定することもできます。たとえば、「exception1.py」ではValueErrorクラスのインスタンスを捕まえていましたが、その代わりにそのスーパークラスであるExceptionクラスのインスタンスを指定することができます。

図 3-76 発生する例外のクラスのスーパークラスも指定できる

```
except ValueError:          →    except Exception:
   発生する例外のクラス              ValueErrorのスーパークラス
```

このようにexceptにスーパークラスを指定すると、そのサブクラスの例外をすべて捕まえることができます。この例の場合、ValueErrorだけでなく、IndexError（リストのインデックスが範囲外）やFileNotFoundError（ファイルが見つからない）など、Exceptionクラスの子孫となる例外をすべて捕まえることができます。

CHAPTER 3 ›› ま と め

- ✓ 条件式の結果に応じて処理を分岐させるには
  if文を使用します

- ✓ ふたつの値を比較するには
  「>」「>=」「<」「<=」「==」などの比較演算子を使用します

- ✓ 「==」と「=」の相違について注意しましょう

- ✓ if〜elif〜else文を使用すると
  分岐する条件を細かく設定できます

- ✓ andを使用すると「〜かつ〜」、
  orを使用すると「〜もしくは〜」
  といった条件を設定できます

- ✓ for文やwhile文を使用すると
  ブロック内の処理を繰り返し実行できます

- ✓ for文を使用すると
  リストなどのイテレート可能なオブジェクトから
  要素をひとつずつ取り出せます

- ✓ ある条件が成立したらループを途中で終了するには
  if文とbreak文を使用します

- ✓ ループでenumerate()関数を使用すると
  リストのインデックスと要素のペアを順に取得できます

- ✓ zip()関数を使用すると
  複数のリストの要素を順に組み合わせて処理できます

- ✓ 例外を捕まえるにはtry〜except文を使用します

A if文の条件判断で使用する条件式になるように空欄を埋めてください。

例:変数aの値は変数bの値以上

      a ☐ b

答: >=

- 変数aの値と変数bの値が等しい

      a ☐1 b

- 変数aの値は3の倍数

      (a ☐2 3) == 0

- 変数aの値は正の数値

      a ☐3 0

- 変数aの値は「1」もしくは「4」

      > (a == 1) ☐4 (a== 4)

B 次のプログラムは、ユーザーが入力した誕生年が2001年以降であれば「21世紀生まれですね」、そうでなければ「21世紀生まれではありません」と表示します。空欄を埋めてプログラムを完成させてください。

```
age = int(input("生まれた年を入力してください "))

if ☐1 :
    print("21世紀生まれですね")
☐2 :
    print("21世紀生まれではありません")
```

C 実行すると次のように表示するように、
空欄を埋めてプログラムを完成させてください。

```
yellow: 黄色
red: 赤色
green: 緑色
```

```
colors1 = ["yellow", "red", "green"]
colors2 = ["黄色", "赤色", "緑色"]

for e, j in   1  :
      2
```

D 次のプログラムは、ユーザーが入力した年齢に応じて
子供料金か大人料金かを表示するものです。
入力した値が数値でない場合の例外処理を行っています。
空欄を埋めて、プログラムを完成させてください。

```
import sys

  1  :
    age = int(input("年齢を入力してください "))
  2   ValueError:
    print("正しい年齢を入力してください")
      3

if age >= 13:
    print("大人料金です")
elif 0 < age < 13:
    print("子供料金です")
else:
    print("年齢は正の整数です")
```

CHAPTER

4 » 組み込み型の 活用方法を理解しよう

このChapterでは、
Pythonの標準ライブラリに含まれる組み込み型である
文字列、リスト／タプル、辞書、集合の活用方法について解説します。

CHAPTER 4 - 01	文字列を活用する
CHAPTER 4 - 02	リストやタプルを活用する
CHAPTER 4 - 03	辞書と集合の操作
CHAPTER 4 - 04	リスト、辞書、集合を 生成する内包表記

これから学ぶこと

✔ 文字列に対していろいろなメソッドを実行してみましょう

✔ リストやタプルの要素を操作する方法を学びます

✔ キーと値のペアでデータを管理する
辞書の使い方について学びます

✔ 重複を持たない要素を管理する集合を使ってみましょう

✔ 内包表記でリストや辞書を生成する方法を学びます

イラスト 4-1　リストからデータを取り出したり、対となるデータを組み合わせたり

Pythonには、いろいろなデータ型が組み込み型として用意されています。それらをいかにうまく活用できるかどうかがプログラミングの鍵となります。特に、文字列とリスト、辞書は使用頻度の高いデータ型です。確実に理解しましょう。

CHAPTER 4

01

文字列を活用する

プログラミング言語では、数値と並んで文字列が最も基本的な操作対象です。Pythonでは文字列もオブジェクトです。この節では、文字列に対するメソッドの実行方法を中心に文字列の取り扱いについて解説します。

✓ 文字列に対してメソッドを実行するには

Pythonでは文字列はstrクラスのインスタンスです。型を表示するtype()関数の引数に、適当な文字列を指定して実行すると次のように表示されます。

図 4-1 インタラクティブモードでtype()関数を実行

```
>>> type("hello") Enter
<class 'str'>          クラスがstrであることがわかる
```

✓ 文字列にメソッドを実行する

strクラスには、文字列操作に便利なさまざまなメソッドが用意されています。次のような書式で実行できます。

図 4-2 メソッドの実行

インスタンス.メソッド()

たとえば、upper()というメソッドは半角英小文字を大文字にして戻します。

図 4-3 upper()メソッド

upper(文字列)

文字列を大文字にして戻す

次に、インタラクティブモードでの実行例を示します。

図 4-4 インタラクティブモードでの実行例

```
>>> s = "Hello" [Enter]          ●──────── 変数sに「"Hello"」を代入
>>> print(s.upper()) [Enter]    ●──────── 変数sを大文字にして表示
HELLO
```

前記の例は変数に対してメソッドを実行していますが、次のようにリテラルに対して直接実行することもできます。

図 4-5 リテラルに対して直接実行

```
>>> print("python".upper()) [Enter]    ●──────── 「"python"」を大文字にして表示
PYTHON
```

✔ strクラスのいろいろなメソッド

次にstrクラスに用意されている、基本的なメソッドの概要をまとめておきます。

表4-1 strクラスの基本的なメソッド

メソッド	説明
count(文字列[, 開始[, 終了]])	文字列内に引数で指定した文字列が出現する回数を戻す 開始位置、終了位置を指定することもできる
endswith(文字列)	文字列が引数で指定した文字列で終わればTrueを戻す そうでなければFalseを戻す
find(文字列)	文字列内に引数で指定した文字列が含まれていればTrueを戻す そうでなければFalseを戻す
join(イテレート可能なオブジェクト)	イテレート可能なオブジェクトの要素を文字列で連結して戻す
lower()	文字列を小文字にして戻す
replace(文字列1, 文字列2)	文字列内の文字列1を文字列2に置換して戻す
split(区切り文字)	文字列を区切り文字（空白文字やカンマなど）で分割して戻す
startswith(文字列)	文字列が引数で指定した文字列で始まればTrueを戻す そうでなければFalseを戻す
upper()	文字列を大文字にして戻す
removeprefix(文字列)	文字列の先頭から引数で指定した文字列を削除して戻す（Python 3.9以降）
removesuffix(文字列)	文字列の末尾から引数で指定した文字列を削除して戻す（Python 3.9以降）

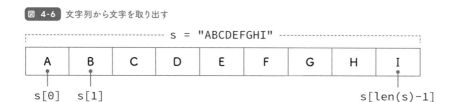

文字列から文字や文字列を取り出す

文字例は、リストと同じようにシーケンス型でもあるので、インデックスを指定することで文字を取り出せます。また、len()関数で長さを求められます。したがって、最初の文字のインデックスは「0」、最後の文字のインデックスは「len(文字列) – 1」となります。

図 4-6 文字列から文字を取り出す

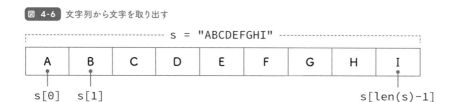

forループで1文字ずつ取り出す

リストやタプルと同様に、文字列もイテレート可能なオブジェクトです。文字列をfor文のinの後に指定することで、先頭から順に1文字ずつ取り出すことができます。

LIST 4-1 str1.py

```python
str = "春夏秋冬"
for char in str:
    print(char)
```

次に実行結果を示します。

図 4-7 実行結果

```
% python3 str1.py Enter
春
夏
秋
冬
```

文字列から指定した範囲の文字列を取り出す

文字列から指定した範囲を取り出すには、文字列の後の「[ ]」内に、次の形式で範囲を指定します。これを「スライス」と呼びます。

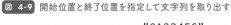

図 4-8 文字列から指定した範囲を取り出す

文字列 [開始位置：終了位置]

開始位置と終了位置はインデックスと同じく先頭を「0」とする番号です。ただし、終了位置は最後の文字のひとつうしろの番号を指定します。たとえば、位置「1」（2文字目）から位置「4」（5文字目）までの文字列を取り出すには「[1:5]」と指定します。

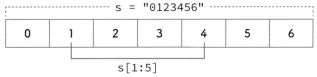

図 4-9 開始位置と終了位置を指定して文字列を取り出す

インタラクティブモードで試してみましょう。

図 4-10 インタラクティブモードで確認

```
>>> s = "0123456" Enter
>>> s[1:5] Enter
'1234'
```

●開始位置／終了位置を省略する

開始位置を省略して「[:終了位置]」とした場合には開始位置が「0」とみなされ、終了位置を省略して「[開始値:]」とした場合には開始位置から最後までが取り出されます。

図 4-11 インタラクティブモードで確認

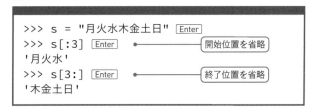

✔ | 文字列を検索する

　ある文字列が別の文字列に含まれているかどうかを調べるには、in演算子を使用する方法とfind()メソッドを使用する方法などがあります。

✔ in演算子で文字列が含まれているかを調べる

　まず、in演算子（P.138「リストやタプルの要素であることを調べる」参照）を使用する方法について説明しましょう。たとえば文字列1が文字列2に含まれるかどうかを調べるには次のようにします。

図 4-12 in演算子の書式

"文字列1" in "文字列2"

　結果は、文字列1が見つかればTrue、見つからなければFalseになります。

図 4-13 インタラクティブモードで確認

```
>>> "日月" in  "月火水木金土日" Enter
False
>>> "水木" in "月火水木金土日" Enter
True
```

　次に、変数strに格納されている文字列の中に、キーボードから入力した文字列が含まれるかどうかを調べる例を示します。

LIST 4-2 search1.py 📁

```
# 検索される文字列
str1 = "水金地火木土"
# 検索対象の文字列
str2 = input("検索文字列を入力してください: ")

if str2 in str1:  ●──────❶
    print('"' + str2 + '"が見つかりました')
else:
    print('"' + str2 + '"が見つかりませんでした')
```

　❶のif文の条件式でin演算子を使用して、変数str2が変数str1に含まれるかを調べています。次に実行結果を示します。

図 **4-14** 実行結果

```
% python3 search1.py [Enter]
検索文字列を入力してください: 水 [Enter]
"水"が見つかりました
% python3 search1.py [Enter]
検索文字列を入力してください: 木土 [Enter]
"木土"が見つかりました
% python3 search1.py [Enter]
検索文字列を入力してください: 日月 [Enter]
"日月"が見つかりませんでした
```

☑ find()メソッドを使用して検索する

in演算子による検索では、文字列の位置まではわかりません。それに対してstrクラスのfind()メソッドを使用すると文字列の位置（インデックス）を調べられます。

図 **4-15** find()メソッド

find(文字列)

引数で指定した文字列が含まれていればその最小のインデックスを戻す

find()メソッドは文字列が見つからなかった場合には「-1」を戻します。

次にsearch1.pyを変更し、文字列が見つかった場合にそのインデックスを表示する例を示します。

LIST **4-3** search2.py 📂

```
# 検索される文字列
str1 = "水金地火木土"
# 検索対象の文字列
str2 = input("検索文字列を入力してください: ")

index = str1.find(str2)        ●──❶
if index != -1:
    print('"' + str2 + '"が見つかりました')
    print("インデックス:", index)                    ❷
else:
    print('"' + str2 + '"が見つかりませんでした')
```

❶でfind()メソッドを実行しています。文字列が見つからなかった場合には、変数indexは「-1」となります。❷のif文で変数indexの値が「-1」かどうかを調べて、その値によって異なる結果を表示しています。

図 4-16 実行結果

```
% python3 search2.py [Enter]
検索文字列を入力してください: 火木 [Enter]
"火木"が見つかりました
インデックス: 3
% python3 search2.py [Enter]
検索文字列を入力してください: 黄色 [Enter]
"黄色"が見つかりませんでした
```

✔ format()メソッドで文字列をほかの文字列に埋め込む

　これまで何度も登場した「+」演算子を使用すると文字列を連結し、「*」演算子を使用すると文字列を繰り返すことができました。

図 4-17 文字列に「+」演算子、「*」演算子を使った例

```
>>> str1 = "こんにちは" + "Python" [Enter]
>>> str1 [Enter]
'こんにちはPython'
>>> str2 = "*" * 20 [Enter]
>>> str2 [Enter]
'********************'
```

　より複雑な文字列を構成するには、strクラスのformat()メソッドを使用します。

図 4-18 format()メソッド

format(引数1，引数2，...)
文字列の置換フィールドを引数で置換した文字列を戻す

　format()メソッドは、文字列内の「{}」で囲まれた「置換フィールド」と呼ばれる部分を、引数で置換します。この説明だけでは意味がよくわからないと思いますが、次の例を見るとすぐに理解できるでしょう。

図 4-19 インタラクティブモードで確認

```
>>> "こんにちは{}の世界へようこそ".format("Python") [Enter]
'こんにちはPythonの世界へようこそ' [Enter]
```

文字列内の置換フィールド「{}」の部分が引数の「"Python"」に置換されたわけです。

図 4-20 置換フィールド「{}」が引数に置換される

"こんにちは{}の世界へようこそ".format("Python")

↓

こんにちはPythonの世界へようこそ

置換フィールドは複数あってもかまいません。また引数は文字列だけでなく、数値も指定可能です。

図 4-21 インタラクティブモードで確認

```
>>> "{}月は{}です".format(12, "冬") Enter
'12月は冬です'
```

図 4-22 複数の置換フィールドも可能

"{}月は{}です".format(12, "冬")

↓

12月は冬です

次に、キーボードから平成の年を入力して、「平成25年は西暦2013年です」のような形式で西暦を表示する例を示します。

LIST 4-4 format1.py

```
heisei = int(input("平成の年を入力してください:"))
print("平成{}年は西暦{}年です".format(heisei, heisei + 1988))
```

図 4-23 実行結果

```
% python3 format1.py Enter
平成の年を入力してください: 28 Enter
平成28年は西暦2016年です
```

この例ではスクリプトをシンプルにするため平成年の範囲のチェックは行っていません。復習を兼ねて、if文を使用して範囲外の数値を入力した場合にメッセージを表示するように変更してみるとよいでしょう。

☑ 引数の位置を指定する

置換フィールドの「{}」内に、format()メソッドで置換する引数の番号を指定することができます。

図 4-24 置換フィールドに引数の番号を指定

{引数の番号}

番号は最初の引数を0として指定します。これまでの例のように引数の番号を省略すると、最初の引数から順に置換されるわけです。つまり、次のふたつは同じです。

図 4-25 インタラクティブモードで確認

```
>>> "{}Python{}".format("ようこそ", "こんにちは") [Enter]
'ようこそPythonこんにちは'
>>> "{0}Python{1}".format("ようこそ", "こんにちは") [Enter]
'ようこそPythonこんにちは'
```

最初の引数と、2番目の引数の位置を逆にするには次のようにします。

図 4-26 インタラクティブモードで確認

```
>>> "{1}Python{0}".format("ようこそ", "こんにちは") [Enter]
'こんにちはPythonようこそ'
```

図 4-27 最初の引数と、2番目の引数の位置を逆にする

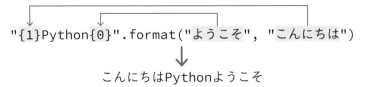

☑ 数値の小数点以下の桁を指定する

たとえば、センチメートルの長さを、インチに変換したい場合を考えます。「インチ＝センチメートル / 2.54」のような式で求められるでしょう。

次のように、10センチメートルをインチに変換すると、小数点以下の桁が15桁で表示されてしまいます。

図 4-28 10センチメートルをインチに変換

```
>>> 10 / 2.54 Enter
3.937007874015748
```

format()メソッドの書式指定機能を使用すると小数点以下の桁を指定できます。それには置換フィールドに次の形式で指定します。

図 4-29 小数点以下の桁を指定

{引数の番号：.桁f}

引数の番号は省略可能なので、小数点以下3桁で表示するには次のように指定します。

図 4-30 小数点以下3桁で表示

{:.3f}

インタラクティブモードで試してみましょう。

図 4-31 インタラクティブモードで確認

```
>>> "{:.3f}".format(10 / 2.54) Enter
'3.937'
```

以上のことを踏まえて、次に、キーボードから入力した長さ（cm）をインチに変換し、結果を小数点以下3桁で表示する例を示します。

LIST 4-5 to_inch.py

```
cm = float(input("センチメートルを入力してください: "))
print("{:.3f}cmは{:.3f}インチです".format(cm, cm / 2.54))    ──❶
```

この例では、❶でセンチとインチの両方に「{:.3f}」を指定し小数点以下3桁まで表示するようにしています。

図 4-32 実行結果

```
% python3 to_inch.py Enter
センチメートルを入力してください: 9.6 Enter
9.600cmは3.780インチです
```

✔️ 数値を3桁区切りにする

桁の多い数値は「100,549.555」のように3桁ごとにカンマ「,」を記述して表記するとわかりやすいでしょう。そのためにはformat()関数の置換フィールドでカンマ「,」を指定します。

図 **4-33** 3桁区切りを指定

{引数の番号：,}

次に例を示します。

図 **4-34** インタラクティブモードで確認

```
>>> "{:,}".format(144444445) [Enter]
'144,444,445'
>>> "{:,}".format(200 * 10) [Enter]
'2,000'
```

✔️ f文字列を使用して文字列に値を埋め込む

format()メソッドの代わりに、f文字列（formatted string）という書式を使用しても文字列内に値を埋め込めます。ただし、f文字列が使用できるのはPython 3.6以降です。

f文字列を使用するには文字列リテラルの前に「f」を記述します。

図 **4-35** f文字列

f"文字列"

文字列内の値を埋め込みたい場所に「{値}」を記述します。値には変数だけでなく計算式も埋め込めます。

変数ageの値を埋め込む例を示します。

図 **4-36** 変数を埋め込む

```
>>> age = 20 [Enter]
>>> f"私は{age}歳です" [Enter]
'私は20歳です'
```

変数yearの値と、変数yearの値に10を足した値を埋め込む例を示します。

図 4-37 計算式を埋め込む

```
>>> year = 2021 Enter
>>> f"{year}年の10年後は{year + 10}年です" Enter
'2021年の10年後は2031年です'
```

format()メソッドと同様に、「{値:フォーマット}」のように指定することにより、フォーマット指定が可能です。

図 4-38 値のフォーマットを指定

```
>>> f"{10500545:,}円" Enter          ●────整数を3桁区切りにする
'10,500,545円'
>>> math.pi
>>> f"円周率:{math.pi:.3f}" Enter     ●────円周率を小数点以下3桁で表示する
'円周率:3.142'
```

次に、to_inch.py（P.181）の文字列埋め込み部分のformat()メソッドをf文字列に変更した例を示します。

LIST 4-6 to_inch2.py

```python
cm = float(input("センチメートルを入力してください: "))
print(f"{cm:.3f}cmは{cm / 2.54:.3f}インチです")
```

図 4-39

実行結果

```
% python3 to_inch2.py Enter
センチメートルを入力してください: 10.4 Enter
10.400cmは4.094インチです
```

✔ **正規表現のパターンで文字列の検索／置換を行う**

文字列の検索や置換を柔軟に行うための表記法に正規表現があります。正規表現は高機能なワープロやエディタでも利用できるのでご存知の方も多いでしょう。

正規表現では特殊文字と通常の文字を組み合わせたパターンを記述します。たとえば、「^」は行頭を、「$」は行末を表す特殊文字です。また「.」は任意の文字とマッチする特殊文字です。

Pythonではreモジュールという正規表現を処理するためのモジュールが用意されています。reモジュールには正規表現を扱うさまざまな関数が用意されていますが、ここでは基本的な検索と置換に絞って解説しましょう。

☑ search()関数で検索する

まず、正規表現のパターンが文字列とマッチするかどうかを調べるにはsearch()関数を使用します。

図 4-40 search()関数

search（パターン，文字列）

2番目の引数の文字列から、最初の引数で指定したパターンを検索し、
結果をMatchオブジェクトとして戻す

パターンにマッチする文字列が見つからなかった場合にはNoneが、マッチした場合にはその情報が格納されたMatchオブジェクトが戻されます。

たとえば、"千葉一郎:34:千葉"のように「名前:年齢:都道府県」を表す文字列があるとします。この文字列の最後が「千葉」であることを調べるにはパターンに「千葉$」を指定します。

図 4-41 search()関数の実行例

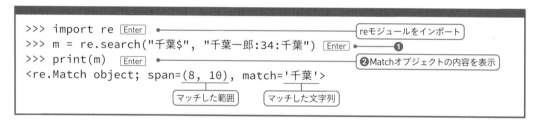

```
>>> import re [Enter]              ● reモジュールをインポート
>>> m = re.search("千葉$", "千葉一郎:34:千葉") [Enter] ● ❶
>>> print(m) [Enter]               ● ❷Matchオブジェクトの内容を表示
<re.Match object; span=(8, 10), match='千葉'>
                   マッチした範囲      マッチした文字列
```

❶でsearch()関数を使用して検索を実行しています。文字列が見つかった場合にはMatchオブジェクトが戻されます。

❷でMatchオブジェクトの中身を表示しています。「span」は文字列の開始位置と終了位置です（この場合の「終了位置」は最後の文字のひとつ後です）。「match」はマッチした文字列です。

この例の"千葉一郎:34:千葉"では行頭にも「千葉」がありますが、パターンに「千葉$」を指定しているため、行末の「千葉」にマッチしています。

図 4-42 「千葉$」は行末の「千葉」にマッチ

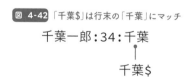

千葉一郎:34:千葉

千葉$

なお、マッチした文字列はMatchオブジェクトのgroup()メソッドで取得でき、マッチした範囲はspan()メソッドで取り出せます。

図 4-43 マッチした文字列、そのマッチ範囲を取り出す

```
>>> m.group()  [Enter]
'千葉'
>>> m.span()  [Enter]
(8, 10)
```

　search()関数の最初の引数のパターンには、特殊文字なしの単純な文字列も指定できます。単に"千葉"を指定すると、"千葉一郎:34:千葉"の先頭の「千葉」にマッチします。

図 4-44 文字列"千葉"を指定

```
>>> m = re.search("千葉", "千葉一郎:34:千葉")  [Enter]
>>> print(m)  [Enter]
<re.Match object; span=(0, 2), match='千葉'>
>>> m.span()  [Enter]
(0, 2) ●————————[先頭の「千葉」にマッチしている]
```

☑ 特殊文字を使用したパターンの例

　特殊文字を使用したパターンの別の例を示しましょう。「\d」は数字を、「{m}」は直前のパターンのm回の繰り返しを表します。スペースは「\s」です。

　これを使用して文字列"2021 OSAKA"の行頭が「数字4桁 + スペース」であることを調べるには、パターンに"^\d{4}\s"を指定します。このときパターン文字列の前に「r」を記述しておくと特殊文字の「\」がそのまま記述できます（P.186「Column raw文字列記法」参照）。

図 4-45 特殊文字を使用したパターンの例

```
>>> m = re.search(r"^\d{4}\s", "2021 OSAKA")  [Enter]
>>> print(m)  [Enter]
<re.Match object; span=(0, 5), match='2021 '>
>>> m.group()  [Enter]
'2021 '
>>> m.span()  [Enter]
(0, 5)
```

　次の表に、Pythonで利用可能な正規表現の主な特殊文字をまとめておきます。

表4-2 主な特殊文字

特殊文字	説明
.	任意の1文字（改行を除く）
^	文字列の先頭
$	文字列の末尾
*	直前の文字（グループ）の0回以上の繰り返し
+	直前の文字（グループ）の1回以上の繰り返し
?	直前の文字（グループ）の0回もしくは1回以上の繰り返し
{m}	直前の正規表現のm回の繰り返し
{m,n}	直前の正規表現のm回からn回までの繰り返し
［文字の並び］	文字の並びのいずれかの文字。文字をハイフン「-」で接続することにより範囲を指定することもできる 【例】 ［abc］　　a、b、cのどれか 　　　　［0-9］　　数字 　　　　［a-zA-Z］ アルファベットの小文字と大文字
［^文字の並び］	文字の並び以外の文字
（正規表現）	正規表現をグループ化する
\b	単語の境界
\d	数字
\D	数字以外
\s	空白文字（スペースやタブ）
\S	空白文字以外
\w	単語を構成することが可能な文字
\W	単語を構成する文字以外
\\	「\」文字自身
正規表現A|正規表現B	正規表現Aと正規表現Bのどちらか

raw文字列記法

　正規表現のパターンに「\b」（単語の境界）などの「\」で始まる特殊文字を指定する場合は注意が必要です。「\」はPythonにとっても特殊文字だからです。そのため、それらの特殊文字がPythonによって展開されないように「\\r」のように「\」を2つつなげて記述する必要があります。

図 4-46 「\」で始まる特殊文字の実行例

```
>>> m=re.search("\bLinux\b", "Hello Linux") Enter    これはNG
>>> print(m) Enter
None    検索されない
>>> m=re.search("\\bLinux\\b", "Hello Linux") Enter    これはOK
>>> print(m) Enter
<re.Match object; span=(6, 11), match='Linux'>
```

　より便利なのが、パターンの文字列の前に「r」を記述して「r"パターン"」とする方法です。これをraw文字列記法といいます。

図 4-47 raw文字列記法の実行例

```
>>> m=re.search(r"\bLinux\b", "Hello Linux") Enter    raw文字列記法
>>> print(m) Enter
<re.Match object; span=(6, 11), match='Linux'>
```

✔ sub()関数で置換する

sub()関数を使用すると、正規表現のパターンとマッチする範囲を、別の文字列で置換できます。

図 4-48 sub()関数

sub(パターン, 置換後の文字列, 置換対象の文字列)

置換対象の文字列の、パターンとマッチする部分を置換後の文字列で置換する。
置換された後の文字列を戻す

　最初の引数には、正規表現のパターンを指定します。2番目の引数には置換後の文字列を、3番目の引数には置換対象の文字列を指定します。
　たとえば、"千葉一郎:34:千葉"の、都道府県名の"千葉"を"千葉県"に変換しようとして、次のようにすると、最初の"千葉"が置換されてしまいます。

図 4-49 失敗例

```
>>> re.sub(r"千葉", "千葉県", "千葉一郎:34:千葉") Enter
'千葉県一郎:34:千葉県'    名前の「千葉」が「千葉県」に置換されてしまった
```

行末の"千葉"を"千葉県"に置換するには、パターンに"千葉$"を指定します。

図 4-50 パターンに"千葉$"を指定

```
>>> re.sub(r"千葉$", "千葉県", "千葉一郎:34:千葉") Enter
'千葉一郎:34:千葉県'  ← ── 行末の「千葉」が「千葉県」に置換された
```

☑ パターンにマッチした範囲を置換後の文字列内で参照する

　パターンの一部を「()」でくくることによるグループ化が可能です。グループにマッチした範囲は、検索後の文字列内で「\番号」で参照できます。したがって、パターンにマッチした範囲を、置換後の文字列の一部として使用できます。

　たとえば、"名前:年齢:都道府県"という形式の文字列の「年齢」と「都道府県」を入れ替えるには次のようにします。

図 4-51 文字列の年齢と都道府県を入れ替える

```
>>> s1 = "井上花子:21:東京" Enter  ← ── "名前:年齢:都道府県"の形式の文字列
>>> s2 = re.sub(r":(\d+):(\w+)", r":\2:\1", s1) Enter  ← ── 年齢と都道府県を入れ替える
>>> print(s2) Enter
井上花子:東京:21  ← ── 年齢と都道府県が入れ替わった
```

図 4-52 入れ替えの仕組み

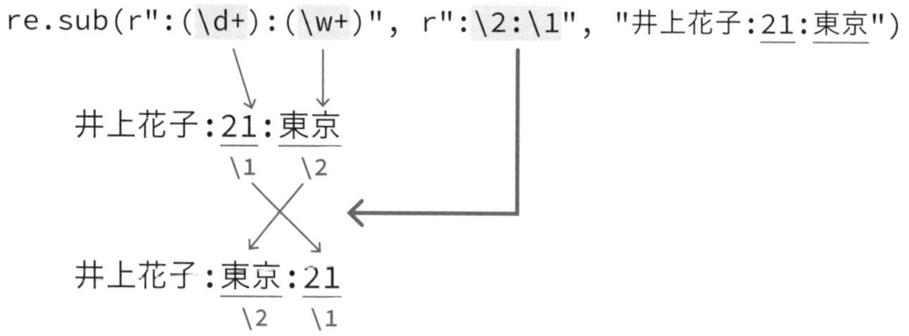

```
re.sub(r":(\d+):(\w+)", r":\2:\1", "井上花子:21:東京")
```

井上花子:21:東京
　　　　　\1　\2

井上花子:東京:21
　　　　　\2　\1

リストやタプルを活用する

本書で、これまで何度も登場してきたリストおよびタプルは、一連の値を「インデックス」と呼ばれる番号で管理するデータ型です。この節では、それらの活用テクニックについて説明しましょう。

☑ リストやタプルの基本操作

リストやタプルの作成方法や要素をアクセスする方法についてはP.84「2.03 いろいろな組み込み型」で紹介しました。ここではそれ以外の基本操作を説明しましょう。なおリストやタプルも文字列と同じシーケンス型なので、多くの操作は文字列でもおなじみのものです。

ここではリストでの例を示しますが、タプルでも同じように操作できます。ただし、リストはミュータブル（変更可）な型なのに対して、タプルはイミュータブル（変更不可）な型である点に注意してください。

☑ 「+」演算子でリストを結合する

「+」演算子を使用すると、複数のリストを連結した新たなリストを生成できます。

図 4-53 「+」演算子で複数のリストを結合

```
>>> lst = ["春", "夏"] + ["秋", "冬"] Enter
>>> lst Enter
['春', '夏', '秋', '冬']
>>> lst = [1, 3, 5] * 3 Enter
>>> lst Enter
[1, 3, 5, 1, 3, 5, 1, 3, 5]
```

☑ 「+=」演算子で既存のリストにリストを追加する

「+=」演算子を使用すると既存のリストに別のリストを追加できます。

図 **4-54** 「+=」演算子で既存のリストにリストを追加

```
>>> colors = ["red", "green"] [Enter]
>>> colors += ["yellow", "white"] [Enter]
>>> colors [Enter]
['red', 'green', 'yellow', 'white']
```

☑ 「*」演算子でリストを繰り返す

「*」演算子を使用すると、リストの要素を繰り返した新たなリストを生成できます。

図 **4-55** 「*」演算子でリストの要素を繰り返す

```
>>> lst = ["春"] * 4 [Enter]
>>> lst [Enter]
['春', '春', '春', '春']
```

☑ スライスを使用して指定した範囲の要素を取り出す

前節の文字列の場合と同様に、リストに対してもスライスで範囲を指定して要素を取り出せます。

図 **4-56** リストの要素を取り出す

リスト[開始位置：終了位置]

先頭の要素を「0」とする点、および終了位置は取り出したい要素の次の位置を指定する点に注意してください。次の例ではインデックスが2から4までの要素を取り出します。

図 **4-57** インデックスが2から4までの要素を取り出す

```
>>> num = ["zero", "one", "two", "three", "four", "five", "six"] [Enter]
>>> num[2:5] [Enter] ●          ┤インデックスが2から4までの要素を取り出す├
['two', 'three', 'four']
```

開始位置を省略すると先頭から取り出され、終了位置を省略すると最後の要素までが取り出されます。

図 4-58 開始位置の省略、終了位置の省略

```
>>> weekdays = ["日", "月", "火", "水", "木", "金", "土"]  Enter
>>> weekdays[:3]  Enter  ●────── 先頭から3つの要素を取り出す
['日', '月', '火']
>>> weekdays[3:]  Enter  ●────── インデックスが3の要素から最後まで取り出す
['水', '木', '金', '土']
```

　なお、最後に「:ステップ数」を指定すると、ステップ数ごとに要素を取り出せます。たとえば、リストweekdaysから偶数番目の要素を取り出すには次のようにします。

図 4-59 偶数番目の要素を取り出す

```
>>> weekdays[::2]  Enter
['日', '火', '木', '土']
```

☑ 区切り文字で区切られた文字列をリストに変換する

　文字列（strクラス）に用意されているsplit()メソッドを使用するとカンマ「,」などの区切り文字で区切られた文字列をリストの要素に変換できます。

図 4-60 split()メソッド

split(区切り文字)

文字列を区切り文字で分割したリストを戻す

　次に例を示します。

図 4-61 インタラクティブモードで確認

```
>>> str = "東京,大阪,名古屋,京都,青森"  Enter
>>> lst = str.split(",")  Enter
>>> lst  Enter
['東京', '大阪', '名古屋', '京都', '青森']
```

指定した要素がリストに存在するかどうかはin演算子でわかります。

図 4-62 要素を検索

```
>>> weekdays = ["日", "月", "火", "水", "木", "金", "土"]  Enter
>>> "月" in weekdays  Enter          ●──「"月"がweekdaysの要素かを調べる」
True
```

存在しないことを調べる

存在しないことを調べるには「not in」演算子を使用します。

✔ index()メソッドでインデックスを求める

前述のin演算子ではリスト内のどの位置にあるかはわかりません。それを調べるにはindex()メソッドを使用します。

図 4-63 index()メソッド

index（**オブジェクト**）

引数で指定したオブジェクトのリスト内でのインデックスを戻す

なお、index()メソッドは、要素が見つからなかった場合にはValueError例外が発生します。

次に、キーボードから入力された文字列が、リストwords内の何番目の要素かを調べる例を示します。

LIST 4-7 index1.py 📁

```
words = ["空", "秘密", "電柱", "ひらけごま", "海", "ギター"]
str = input("文字列を入力してください: ")

try:          ●──❶
    index = words.index(str)      ●──❷
    print(f'"{str}"のインデックスは{index}です')
except ValueError:      ●──❸
    print(f'"{str}"は見つかりませんでした')
```

❷のindex()メソッドでインデックスを求めています。このとき要素が見つからない場合に
ValueError例外が発生するため全体を❶のtryのブロックにしています。❸のexceptでValueError
を捕まえてメッセージを表示しています。

図 4-64 実行結果

```
% python3 index1.py Enter
文字列を入力してください: 海 Enter
"海"のインデックスは4です ────── 要素が見つかった
% python3 index1.py Enter
文字列を入力してください: テレビ Enter
"テレビ"は見つかりませんでした ────── 要素が見つからなかった
```

✓ リストの要素を変更する

リストはミュータブルな型のため、要素を後から変更／削除できます。その方法についてまとめ
ておきましょう。

✓ 指定したインデックスの要素を変更する

P.95「一連のデータを管理するリスト型」でも説明しましたが、次のようにすることで既存の
要素を変更できます。

図 4-65 リストの要素を変更する

リスト[インデックス] = 値

ただし、存在しないインデックスを指定するとIndexErrorという例外が発生します。

図 4-66 インタラクティブモードで確認

```
>>> names = ["山田", "井上", "太田", "田中"] Enter
>>> names[1] = "江藤" Enter ────── 2番目の要素を変更
>>> names[9] = "加藤" Enter ────── 存在しないインデックスを指定
Traceback (most recent call last):
  File "<stdin>", line 1, in <module>
IndexError: list assignment index out of range
```

✅ リストの最後に要素を加える

リストの最後に要素を加えるにはappend()メソッドを使用します。

図 **4-67** append()メソッド

append（オブジェクト）

リストの最後に要素を追加する

引数には、数値や文字列だけでなく、リストを指定してもかまいません。その場合、追加したリストがひとつの要素となります。つまり、リストが入れ子になります。次に、空のリストを作成し要素を加えていく例を示します。

図 **4-68** 空のリストlstに要素を加えていく

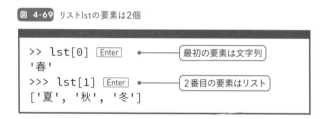

この場合、リストlstはふたつの要素を持ちます。

図 **4-69** リストlstの要素は2個

入れ子になったリストにアクセスするには「リスト[インデックス1][インデックス2]」のようにします。

図 **4-70** 入れ子になったリストにアクセス

☑ 要素を削除する

リストから指定した値の要素を削除するにはremove()メソッドを使用します。

図 **4-71** remove()メソッド

remove(オブジェクト)

引数と一致する最初の要素を削除する

remove()メソッドは、引数と一致する最初の要素を削除します。同じ要素が複数あった場合には2番目以降は削除されません。

図 **4-72** remove()メソッド使用例

```
>>> names = ["山田", "井上", "太田", "田中", "山田"] Enter
>>> names.remove("山田") Enter     ●───[ 最初の「"山田"」を削除する ]
>>> names Enter
['井上', '太田', '田中', '山田]
```

存在しない要素を削除しようとするとValueError例外が発生します。

図 **4-73**

ValueError例外

```
>>> names.remove("大津") Enter
Traceback (most recent call last):
  File "<stdin>", line 1, in <module>
ValueError: list.remove(x): x not in list
```

なお、del文を使用するとインデックスで指定した要素を削除できます。

図 **4-74** リストの要素を削除する

del リスト[インデックス]

次に例を示します。

図 **4-75** del文の使用例

```
>>> names = ["山田", "井上", "太田", "田中", "山田"] Enter
>>> del names[1] Enter     ●───[ 2番目の要素を削除 ]
>>> names Enter
['山田', '太田', '田中', '山田']
```

スライスを指定することもできます。

図 4-76 インデックスをスライスで指定

```
>>> names = ["山田", "井上", "太田", "田中", "山田"] Enter
>>> del names[1:4] Enter        ●──── インデックスが1から3までの要素を削除
>>> names Enter
['山田', '山田']]
```

✔ 要素の順番を反転させる

reverse()メソッドを使用すると要素の順番を反転させることができます。

図 4-77 reverse()メソッド

reverse()

要素の順番を反転する

図 4-78 reverse()メソッドの使用例

```
>>> weekdays = ["日", "月", "火", "水", "木", "金", "土"] Enter
>>> weekdays.reverse() Enter
>>> weekdays Enter
['土', '金', '木', '水', '火', '月', '日']
```

✔ リストの要素の最大値、最小値、合計を求める

リストの要素が数値の場合、最大値、最小値、合計は次の関数で求めることができます。

図 4-79 リストの要素の最大値、最小値、合計を求める関数

max(リスト)

最大値を戻す

min(リスト)

最小値を戻す

sum(リスト)

リストの要素の合計を戻す

図 **4-80** インタラクティブモードで確認

```
>>> nums = [-1, 9, 4, 10]  Enter
>>> max(nums)  Enter    ●————最大値
10
>>> min(nums)  Enter    ●————最小値
-1
>>> sum(nums)  Enter    ●————合  計
22
```

文字列の最大値、最小値

　リストの要素が文字列の場合max()関数、min()関数は文字コードの順で判定されます。sum()関数は使用できません。

✔ リストの要素をソートする

sort()メソッドを使用するとリストの要素を大きい順、もしくは小さい順に並べ替えられます。

図 **4-81** sort()メソッド

sort([reverse=True])

リストの要素を並べ替える

　引数を指定しない場合、小さい順（数値の場合には値の小さい順、文字列の場合には辞書順）となります。

図 **4-82** 引数を指定せずにsort()メソッドを実行

```
>>> nums = [99, 3, -5, 0, 100, 14, 18, 14]  Enter
>>> nums.sort()  Enter
>>> nums  Enter
[-5, 0, 3, 14, 14, 18, 99, 100]
```

　逆順に並べ替えるには、引数に「reverse=True」を設定します（「名前=値」の形式の引数を「キーワード引数」と呼びます。P.236「キーワード引数とデフォルト値の指定」参照）。

図 4-83 sort()メソッドで逆順に並べ替える

```
>>> nums = [99, 3, -5, 0, 100, 14, 18, 14] Enter
>>> nums.sort(reverse=True) Enter ●━━━━━━[ 逆順にソート ]
>>> nums Enter
[100, 99, 18, 14, 14, 3, 0, -5]
```

　なお、どのような方法でソートするかを設定することもできます。それについてはP.257「リストのソート方法をカスタマイズする」で説明します。

☑ sorted()組み込み関数を使用する

　sort()メソッドの場合、リストの要素を直接並べ替えましたが、それに対して**sorted()**関数を使用すると要素を並べ替えた新たなリストを生成して戻します。

図 4-84 sorted()関数

sorted(**リスト**)

要素を並べ替えたリストを戻す

図 4-85 sorted()関数の使用例

```
>>> nums1 = [99, 3, -5, 0, 100, 14, 18, 14] Enter
>>> nums2 = sorted(nums1) Enter ●━━━[ 要素を並べ替えてnum2に代入 ]
>>> nums1 Enter
[99, 3, -5, 0, 100, 14, 18, 14] ●━━━[ 元のリストはそのまま ]
>>> nums2 Enter
[-5, 0, 3, 14, 14, 18, 99, 100] ●━━━[ 新たなリストが生成される ]
```

☑ | コマンドラインから引数を受け取る

　Pythonプログラムの実行時に、コマンドラインから何らかの値を引数としてプログラムに渡すことができます。書式は、次のように引数をスペースで区切って指定します。

図 4-86 プログラムに引数を渡す

```
% python3 プログラム.py 引数1 引数2 ... Enter
```

✅ コマンドライン引数の使用例

コマンドライン引数を取得するには、標準ライブラリに含まれる**sys**モジュールを使用します。sysモジュールの**argv**という名前のリストに格納されます。このとき1番目の要素はプログラムファイル名となります（別のディレクトリから実行した場合にはプログラムまでのパス）。

図 4-87 コマンドライン引数はsys.argvというリストに格納される

次にコマンドライン引数を確認するプログラムを示します。

LIST 4-8 carg_test1.py 📁

```python
import sys

for i, arg in enumerate(sys.argv):          ❶
    print(f"{i}: {arg}")          ❷
```

❶のfor文で、引数のリスト「sys.argv」を引数にしてenumerate()関数を実行し、インデックスを変数iに、引数を変数argに格納しています。❷でprint()関数によりそれらの値を表示しています。

図 4-88 実行結果

```
% python3 carg_test1.py value1 value2 value3 [Enter]
0: carg_test1.py
1: value1
2: value2
3: value3
```

✅ コマンドライン引数の総和を求めるプログラム

argvの要素はすべて文字列です。したがって、数値として処理したい場合には、int()やfloat()により数値に変換しておく必要があります。

次の例は、コマンドライン引数をすべて数値で指定したものとして、その総和を求めます。

LIST 4-9 carg_test2.py

```
import sys

sum = 0  ❶
for i in range(1, len(sys.argv)):  ❷
    sum += float(sys.argv[i])  ❸

print(f"総和: {sum}")  ❹
```

❶で合計を管理する変数sumを0に初期化しています。

❷のfor文ではrange()関数を使用して、1から引数の数まで変数iを増加させています。

❸では、変数iをインデックスとして引数を取り出しfloat()で数値に変換して、変数sumに加えています。

❹で結果を表示しています。

図 4-89 実行結果

```
% python3 carg_test2.py 14 3.4 -1 5.5 [Enter]
総和: 21.9
```

Column

「==」演算子とis演算子の相違について

Pythonでは、「==」は値が同じであるかどうかを調べる演算子です。たとえばリストどうしの比較の場合には、要素がすべて等しいとTrueとなります。

図 4-90 「==」演算子でリストどうしを比較

```
>>> l1 = [1, 2, 3] [Enter]
>>> l2 = [1, 2, 3] [Enter]
>>> l1 == l2 [Enter]
True  ← l1とl2は要素がすべて等しいのでTrue
```

それに対して、is演算子は同じオブジェクトかどうかを調べる演算子です。l1とl2を比較するとFalseとなります。

図 4-91 「is」演算子でリストどうしを比較

```
>>> l1 is l2 Enter
False
```

図 4-92 l1とl2は異なるオブジェクト

l1 == l2 ⇔ True
l1 is l2 ⇔ False

次のようにするとどうでしょう。

図 4-92 l4にl3を代入

```
>>> l3 = [1, 2, 3] Enter
>>> l4 = l3 Enter
```

この場合、変数名のl3とl4は同じオブジェクトに対するタグとなり、==演算子とis演算子の結果はどちらもTrueとなります。

図 4-93 ==演算子とis演算子の結果はどちらもTrue

```
>>> l3 == l4 Enter
True
>>> l3 is l4 Enter
True
```

図 4-94 l3とl4は同じオブジェクト

l3 == l4 ⇔ True
l3 is l4 ⇔ True

辞書と集合の操作

Pythonにはこれまで何度も取り上げてきたリストやタプルのほかに、複数のデータをまとめて管理する組み込み型がいくつか用意されています。ここでは、その代表である辞書と集合の取り扱いを説明しましょう。

✔ キーと値のペアでデータを管理する辞書

辞書（Dictionary）とは1組のデータを、キーとそれに対応する値のペアで管理するデータ型です。現実世界の辞書のように、調べたい用語（キー）に対してその内容（値）を求めるといったようなイメージで使用できます。

キーには、たいていの場合、重複のない文字列が使用されます。リスト（list）のインデックスの代わりに、キー（文字列）によって要素を特定できるようにしたものと考えてもよいでしょう。

たとえば、会員番号をキーに、名前を管理するといったことができます。

表4-3 辞書のキーと値の例

キー	値
A3456	大津真
A1356	田中一郎
B3456	井上五郎

Pythonでは、辞書はdictクラスのオブジェクトです。また文字列やリスト／タプルが「シーケンス型」に分類されるのに対して、辞書は「マッピング型」という種類の型に分類されます。

言語によっては「連想配列」「ハッシュ」

辞書は、さまざまなプログラミング言語で一般的なデータ構造であり、「連想配列」あるいは「ハッシュ」とも呼ばれます。

☑ 辞書を生成する

リテラル形式で辞書オブジェクトを生成するには、「キー:値」をカンマで区切って並べ、全体を「{}」で囲みます。

図 **4-95** リテラル形式で、辞書オブジェクトを生成

{キー1:値1，キー2:値2，キー3:値3,....}

英語の色名をキーに日本語の色名を値とする辞書を生成し、変数colorsに格納する例を示します。

この場合、キー、値とも文字列です。なお、Python 3.6以前は、辞書オブジェクト内の要素の順番として、生成時に記述した順番が記憶されているわけでありません。

そのため、Python 3.6以前は、辞書の要素の順番はリテラルで記述した順と同じであるとは限りません。

図 **4-96** Python 3.6以前

```
>>> colors = {"red":"赤", "blue":"青", "yellow":"黄"} Enter          ●──── 辞書を生成
>>> colors Enter ──── 中身を確認
{'red': '赤', 'yellow': '黄', 'blue': '青'}          ●──── 要素の順番が生成時と異なる
```

それに対して、Python 3.7以降ではリテラルで記述した順番で保存されるようになりました。

図 **4-97** Python 3.7以降

```
>>> colors = {"red":"赤", "blue":"青", "yellow":"黄"} Enter          ●──── 辞書を生成
>>> colors Enter ●──── 中身を確認
{'red': '赤', 'blue': '青', 'yellow': '黄'}          ●──── 順番がリテラルと同じ
```

Python 3.6以前で辞書の順番を保持する

Python 3.6以前で、辞書の要素の順番を保持するにはOrderedDictクラスを使用する必要があります。

✔ 辞書の基本操作を知ろう

辞書の生成方法がわかったところで、その基本操作についてまとめておきましょう。

✔ 辞書の要素数を求める

リストや文字列と同じくlen()組み込み関数で要素数が求められます。

図 4-98 len()組み込み関数で要素数を求める

```
>>> len(colors) Enter
3
```

✔ 値を取り出す／設定する

辞書から、あるキーに対する値を取り出すには「[ ]」内に、キーを指定します。

図 4-99 あるキーに対する値を取り出す

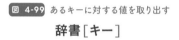

辞書[キー]

図 4-100 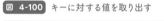 キーに対する値を取り出す

```
>>> colors["red"] Enter        ●——[キー「"red"」の値を取得する]
'赤'
```

なお、リストと同じく辞書はミュータブルなオブジェクトなので、後から値を変更できます。

図 4-101 辞書は後から値を変更できる

```
>>> colors["yellow"] = "黄色" Enter    ●——[キー「"yellow"」の値を変更]
>>> colors Enter
{'red': '赤', 'blue': '青', 'yellow': '黄色'}
```

✔ キーと値のペアを追加する

辞書に新たなデータを追加するには、存在しないキーに対して値を設定します。

図 4-102 辞書にデータを追加

```
>>> colors["green"] = "緑" Enter          新たなキー「"green"」に値を設定
>>> colors Enter                                    データが追加された
{'red': '赤', 'blue': '青', 'yellow': '黄色', 'green': '緑'}
```

✔ キーと値のペアを削除する

del文を使用すると、キーと値のペアを削除できます。

図 4-103 キーと値のペアを削除する

del 辞書[キー]

図 4-104 キーと値のペアを削除

```
>>> seasons = {"春": "Spring", "夏":"Summer", "秋":"Autumn", "冬"
:"Winter"} Enter
>>> del seasons["夏"] Enter          キー「"夏"」を削除
>>> seasons Enter
{'春': 'Spring', '秋': 'Autumn', '冬': 'Winter'}
```

なお、del文で存在しないキーを指定すると、KeyError例外が発生します。

図 4-105 del文で存在しないキーを指定

```
>>> del seasons["晩秋"] Enter
Traceback (most recent call last):
  File "<stdin>", line 1, in <module>
KeyError: '晩秋
```

✔ キーが存在するかどうかを調べる

辞書の要素の中に、指定したキーと値のペアが存在するかを調べるにはin演算子を使用します。

図 4-106 キーが存在するかどうかを調べる

キー in 辞書

キーが存在すればTrueを、存在しなければFalseを戻します。
前述のdel文では存在しないキーの要素を削除しようとするとKeyError例外が発生しますが、そ

れを防ぐにはあらかじめin演算子でキーが存在するかを調べておけばいいわけです。

次に、辞書から、キーボードで指定したキーの要素を削除する例を示します。

LIST 4-10 dicl.py 📁

```python
dic = {"日":"Sun", "月":"Mon", "火":"Tue",
       "水":"Wed", "木":"Thu", "金":"Fri", "土":"Sat"}

key = input("キーを入力してください: ")
if key in dic:            ●❶
    del dic[key];         ●❷
    print(dic)
else:
    print(f'キー"{key}"が見つかりませんでした')
```

❶で変数keyが辞書dicのキーであるかを調べて、そうであれば❷のdel文で削除しています。

図 4-107　実行結果

```
% python3 dicl.py Enter
キーを入力してください: 木 Enter
{'日': 'Sun', '月': 'Mon', '火': 'Tue', '水': 'Wed', '金': 'Fri',
'土': 'Sat'} ●───[ キー「"木"」が削除された ]
% python3 dicl.py Enter
キーを入力してください: 月曜 Enter
キー"月曜"が見つかりませんでした ●───[ キー「"月曜"」が見つからなかった ]
```

✔ 「|」演算子で辞書を結合する

リストの場合には「+」演算子で結合できました。

図 4-108　リストは「+」演算子で結合できる

```
>>> lst = ["春", "夏"] + ["秋", "冬"] Enter
>>> lst Enter
['春', '夏', '秋', '冬']
```

それでは辞書はどうでしょう？　Python 3.8以前は辞書を結合して新たな辞書を生成する演算子はありませんでしたが、Python 3.9以降では「|」演算子で辞書を結合できるようになりました。

図 4-109 辞書は「|」演算子で結合できる

```
>>> colors = {"red": "赤", "yellow": "黄色"} | {"green": "緑", "blue": ⇨
"青"} Enter
>>> colors Enter
{'red': '赤', 'yellow': '黄色', 'green': '緑', 'blue': '青'}
```

　注意点として「|」演算子の左辺の辞書と右辺の辞書に同じキーがある場合、右辺の値が採用されます。

図 4-110 結合する辞書に同じキーがある場合は右辺の値になる

```
>>> countries = {"日本": 3, "イギリス": 2} | {"チリ": 3, "イギリス": 5} Enter
>>> countries Enter
{'日本': 3, 'イギリス': 5, 'チリ': 3}
```

　なお、「|=」演算子を使用すると既存の辞書に別の辞書の要素を追加することができます。

図 4-111 「|=」演算子で別の辞書の要素を追加

```
>>> seasons = {"秋": "Autumn", "春": "Spring"} Enter
>>> seasons |= {"冬": "Winter", "夏": "Summer"} Enter
>>> seasons Enter
{'秋': 'Autumn', '春': 'Spring', '冬': 'Winter', '夏': 'Summer'}
```

✔ キー／値の一覧を取得する

辞書内のすべてのキーはkeys()メソッドで、値の一覧はvalues()メソッドで取得できます。

図 4-112 keys()メソッドとvalues()メソッド

```
keys()
```
辞書内のすべてのキーを取得する

```
values()
```
辞書内のすべての値を取得する

次に例を示します。

図 4-113 すべてのキーを取得／すべての値を取得

```
>>> seasons = {"春": "Spring", "夏":"Summer", "秋":"Autumn",
"冬":"Winter"} Enter
>>> seasons.keys() Enter          ●─── キーをすべて取得する
dict_keys(['春', '夏', '秋', '冬'])
>>> seasons.values() Enter        ●─── 値をすべて取得する
dict_values(['Spring', 'Summer', 'Autumn', 'Winter'])
```

これらのメソッドの戻り値は「ビュー」と呼ばれる種類のオブジェクトです。リストに変換するにはlist()コンストラクタを使用します。

図 4-114 list()コンストラクタでリストに変換

```
>>> ks = seasons.keys() Enter     ●─── キーをすべて取得する
>>> list(ks)
['春', '夏', '秋', '冬']
```

☑ すべてのキーと値のペアを取得する

なお、キーと値のペアの一覧はitems()メソッドで取得できます。

図 4-115 items()メソッド

items()

辞書内のキーと値のペアをすべて取得する

次に例を示します。

図 4-116 辞書内のすべてのキーと値のペアを取得

```
>>> seasons.items() Enter
dict_items([('春', 'Spring'), ('夏', 'Summer'), ('秋',
'Autumn'), ('冬', 'Winter')])
```

keys()、values()、items()メソッドの戻り値はイテレート可能です。したがって、for文で順に取得できます。

次に、items()メソッドを使用して、辞書のキーと値のペアの一覧を表示する例を示します。

LIST 4-11 dic2.py 📁

```
dic = {"日":"Sun", "月":"Mon", "火":"Tue",
       "水":"Wed", "木":"Thu", "金":"Fri", "土":"Sat"}

for jpn, eng in dic.items():        ●❶
    print(f"{jpn}: {eng}")
```

❶のようにitems()メソッドの戻り値をfor文のinの後に記述すると、キーと値のペアがタプルで順に戻されます。

図 4-117 実行結果

```
% python3 dic2.py Enter
日: Sun
月: Mon
火: Tue
水: Wed
木: Thu
金: Fri
土: Sat
```

✔ アンケートを集計するプログラムを作成する

さて、ここで辞書を使用したちょっと実践的なプログラムを作成してみましょう。

● ある旅行会社が行ってみたい国のアンケートを行いました。対象となった国は「イギリス」「フランス」「ドイツ」「イタリア」「スペイン」です。アンケート結果は次のようなリストanswerに格納されています。

LIST 4-12 リストanswer

```
answer = ["イギリス", "イギリス", "スペイン", "ドイツ", "フランス", "イギリス",
"フランス", "フランス","イギリス", "フランス", "フランス", "イギリス", "フランス",
"フランス", "スペイン", "イタリア","イタリア", "スペイン", "イタリア", "スペイン",
"イタリア", "イタリア", "スペイン", "イタリア", "イタリア", "イギリス", "スペイン",
"ドイツ", "フランス", "フランス", "イタリア", "イタリア", "スペイン", "スペイン",
"イタリア", "イタリア", "ドイツ","イタリア", "イタリア", "イタリア"]
```

これをもとに、国名をキーに、投票数を値にした辞書resultsを作成して、一覧を表示するプログラムを作成してみましょう。
次にそのプログラムの内容を示します。

```
answer = ["イギリス", "イギリス", "スペイン", "ドイツ", "フランス", "イギリス",
"フランス", "フランス","イギリス", "フランス", "フランス", "イギリス", "フランス",
"フランス", "スペイン", "イタリア","イタリア", "スペイン", "イタリア", "スペイン",
"イタリア", "イタリア", "スペイン", "イタリア", "イタリア", "イギリス", "スペイン",
"ドイツ", "フランス", "フランス", "イタリア", "イタリア", "スペイン", "スペイン",
"イタリア", "イタリア", "ドイツ","イタリア", "イタリア", "イタリア"]  ①

# 空の辞書を用意
results = { }        ②

# 辞書resultsに国と得票数を格納する
for country in answer:
    if country in results:
        results[country] += 1      ④    ③
    else:
        results[country] = 1       ⑤

# 結果を表示する
for country, num in results.items():
    print(f"{country}: {num}")      ⑥
```

❶で変数answerに国のリストを格納しています。

❷で空の辞書resultsを生成しています。このように空の辞書を生成するには「{ }」のみを記述します。

❸のfor文ではリストanswerから国名を取り出し、辞書resultsでは国名をキーに設定し、得票数を値に設定しています。このとき、キーがすでに存在している場合には❹で値をカウントアップし、存在していなければ❺で新たに値を「1」に設定しています。

❻のfor文ではキーと値のペアを表示しています。

次に実行結果を示します。

図 4-118　実行結果

```
% python3 countries1.py Enter
イギリス: 6
スペイン: 8
ドイツ: 3
フランス: 9
イタリア: 14
```

なお、この例では、結果は得票数の順番ではありません。得票数の多い順に表示する方法についてはP.263「アンケート結果をソートする」で説明します。

Column

ひとつの文を複数行で記述するには

　Pythonのプログラムでは、括弧の内部ではキーワードや変数の区切り部分で自由に改行を入れることができます。リストや辞書などをリテラルで記述する際に要素が多い場合には適当に改行を入れるとよいでしょう。このとき、改行後の文頭の空白はインデントを気にせず自由に設定してかまいません。

LIST 4-14　改行は自由に入れることができる

```
answer = ["イギリス", "イギリス", "スペイン", "ドイツ", "フランス", "イギリス"]
```

↓

```
answer = ["イギリス", "イギリス", "スペイン",        ●——[ 改行OK ]
             "ドイツ", "フランス", "イギリス"]
     ●
       └—[ 空白も自由に入れられる ]
```

　なお、括弧内で改行できるのはリテラルだけではありません。計算式などの「( )」の内部も改行を入れることが可能です。

LIST 4-15　計算式の中でも改行できる

```
number = (age + 3 + offset) * 100
```

↓

```
number = (age + 3
           + offset) * 100
```

　そのほかのケースで、途中に改行を入れたい場合には行末に「\」を記述します。

LIST 4-16　行末に「\」を記述

```
if (age >= 20) and (gender == man) and (sales_point >= 50):
```

↓

```
if (age >= 20) and (gender == man) and \        ●——[ 行末に「\」を記述 ]
(sales_point >= 50):
```

要素の重複を許さない集合(set)

さて、前述のcontries1.pyのリストanswerの例でもわかるように、リストは要素に重複があってもかまいません。それに対して要素の重複を許さないデータ型に「集合」があります。Pythonでは集合はsetクラスのインスタンスです。

集合をリテラルで生成する

集合をリテラルとして記述するのは、要素をカンマ「,」で区切り、辞書と同じように全体を「{ }」で囲みます。

図 4-119 リテラルで集合をつくる

```
{要素1, 要素2, 要素3, ....}
```

次に例を示します。

図 4-120 集合をリテラルで生成

```
>>> signal = {"赤", "青", "黄"} Enter
```

なお、リテラルで重複する要素を指定した場合には、重複がないように整理されます。

図 4-121 重複要素は整理される

```
>>> seasons = {"春", "夏", "春", "夏", "秋", "冬"} Enter
>>> seasons Enter
{'夏', '冬', '春', '秋'}     ← 重複はなくなる
```

集合の要素を表示する

集合はイテレート可能なオブジェクトなのでfor文を使用して要素を順に取得できます。

図 4-122 for文で要素を順に取得

```
>>> for s in seasons: Enter
...     print(s) Enter
... Enter
春
夏
冬
秋
```

✅ リストから集合を作成する

set()コンストラクタの引数にリストを指定すると、リストから集合を生成できます。リストの要素に重複があった場合には、集合の要素は重複がなくなるように整理されます。

図 4-123 リストから集合を生成

```
>>> lst = [10, 1, 3, 3, 10, 5, 10, 10, 1] [Enter]
>>> st = set(lst) [Enter]
>>> st [Enter]
{1, 10, 3, 5}     ←── 重複はなくなる
```

✅ setクラスのメソッド

次に、setクラスの基本的なメソッドを示します。

表4-4 setクラスの基本的なメソッド

メソッド	説明
add(要素)	要素を追加する
remove(要素)	要素を削除する
clear()	集合の要素をすべて削除する

次に使用例を示します。

図 4-124 setクラスのメソッド使用例

```
>>> colors = {"red", "green", "blue"} [Enter]
>>> colors.add("orange") [Enter]     ←── 「"orange"」を追加
>>> colors [Enter]
{'red', 'green', 'orange', 'blue'}
>>> colors.add("red") [Enter]        ←── 「"red"」を追加しようとした
>>> colors [Enter]
{'red', 'green', 'orange', 'blue'}   ←── 重複は追加されない
>>> colors.remove("red") [Enter]     ←── 「"red"」を削除
>>> colors [Enter]
{'green', 'orange', 'blue'}
>>> colors.clear() [Enter]           ←── すべて削除
>>> colors [Enter]
set()
```

また、リストなどと同様にin演算子で値が集合に含まれるかの判定も行えます。

213

図 4-125 in演算子で値が含まれているか確認

```
>>> "red" in  {"red", "green", "blue"} [Enter]
True
```

☑ 集合の演算について

数学の時間に習ったのと同じように、集合どうしで演算も可能です。

表4-5 集合の演算

演算の例	説明
set1 | set2	set1とset2からなる新しい集合を戻す
set1 & set2	set1とset2に共通する要素の新しい集合を戻す
set1 - set2	set1に含まれ、かつset2に含まれない要素の新しい集合を戻す
set1 ^ set2	set1とset2のどちらか一方だけに含まれる要素の新しい集合を戻す

次に実行例を示します。

図 4-126 集合どうしの演算実行例

```
>>> words1 = {"空", "海", "川", "地球"} [Enter]
>>> words2 = {"山", "海", "空", "空気"} [Enter]
>>> words1 | words2 [Enter]
{'山', '川', '空気', '地球', '海', '空'}
>>> words1 & words2 [Enter]
{'海', '空'}
>>> words1 - words2 [Enter]
{'地球', '川'}
>>> words1 ^ words2 [Enter]
{'山', '川', '空気', '地球'}
```

リスト、辞書、集合を生成する内包表記

本節では、最初は多少とっつきにくいけれど、いったん慣れると便利な機能として、リストや辞書の要素を柔軟に生成可能な内包表記について説明しましょう。

✔ リストの内包表記の基本を理解しよう

Pythonでは、リストの要素を効率的に生成する方法として「内包表記」（Comprehension）が用意されています。内包表記とは、おそらく意味不明な用語だと思いますので、具体例を挙げながら説明していきましょう。

✔ リストの内包表記の基本的な書式

リストの内包表記の基本的な書式を次に示します。

図 4-127 リストを作成する内包表記の書式

[式 for 変数 in イテレート可能なオブジェクト]

for〜inによりイテレート可能なオブジェクトから要素をひとつずつ取り出し、その前の式で変数を処理して、リストの構成要素を生成していきます。

図 4-128 処理の流れ

[式 for 変数 in イテレート可能なオブジェクト]
① 値をひとつずつ取り出し変数に格納
② 値を式で処理して順にリストの要素とする
[値1, 値2, 値3, ...]

215

☑ for文でリストの要素を生成する

リストの内包表記はforループを使用してリストを生成する場合の簡略形といえます。実際の例を見てみるとわかりやすいでしょう。

たとえば、0から20までの偶数を2乗した数値を要素とするリストを作成したいとしましょう。

図 4-129 0から20までの偶数を2乗した数値

$$[0, 4, 16, 36, 64, 100, 144, 196, 256, 324, 400]$$
$$0^2 \quad 2^2 \quad 4^2 \quad \cdots \qquad\qquad\qquad\qquad \cdots \quad 20^2$$

for文とrangeオブジェクトを使用すると次のようにして生成できます。

LIST 4-17 lst_comp1.py

```
lst = []      ─────❶
for num in range(0, 21, 2):        ╲
    lst.append(num ** 2)  ●─❸ ╱ ❷

print(lst)
```

❶で、空のリストlstを生成しています。❷のループでは、range(0, 21, 2)により、0から20以下の偶数を順に取り出し、❸のappend()メソッドにより、それを2乗した値をリストlstに追加しています。

図 4-130 実行結果

```
% python3 lst_comp1.py Enter
[0, 4, 16, 36, 64, 100, 144, 196, 256, 324, 400]
```

☑ 内包表記で記述する

前述のlst_comp1.pyの❶❷部分をリストの内包表記で記述すると次のようになります。

LIST 4-18 lst_comp2.py

```
lst = [num ** 2 for num in range(0, 21, 2)]

print(lst)
```

両者を比較すると次のようになります。

図 4-131 lst_comp1.pyと lst_comp2.pyの比較

lst_comp1.py

```
lst = []
for num in range(0, 21, 2):
    lst.append(num ** 2)
```

lst_comp2.py

```
lst = [num ** 2 for num in range(0, 21, 2)]
```

　通常のfor文を使用した処理と比較して、内包表記のほうが、よりシンプルに記述可能なのがわかると思います。また、どちらを使用しても、結果は同じですが、たいていの場合、内包表記のほうが高速に動作します。

✔ リストからリストを生成する

　内包表記のinのうしろにはリストなどのシーケンス型の値を指定できます。リストの個々の要素に何らかの操作を加えて、別のリストを生成することができるわけです。
　次の例は、ドルの金額が格納されているリストから、円の金額リストを生成します。

LIST 4-19 lst_comp3.py 📁

```
dollars = [1, 5, 9.5, 100]        ●❶
rate = 101      ●❷
yens = [dollar * rate for dollar in dollars]      ●❸

print(yens)
```

　❶でドルのリストdollarsを、❷で為替レートの変数rateを用意しています。
　❸でリストの内包表記を使用して、ドルのリストdollarsから要素を順に取り出して変数dollarに格納し、「dollar * rate」で円の値を計算し、リストの要素としています。

図 4-132 実行結果

```
% python3 lst_comp3.py Enter
[101, 505, 959.5, 10100]
```

タプルからリストを生成する

リストの内包表記ではinのうしろにタプルを指定することで、タプルの要素をもとにリストを生成することも可能です。したがって前ページ LIST 4-19 lst_comp3.py の❶は次のようにしても同じです。

LIST 4-20 lst_comp3.py❶の書き換え

```
dollars = (1, 5, 9.5, 100)
```

文字列からリストを生成する

内包表記のinのうしろには、文字列を指定することもできます。LIST 4-21 のlst_comp4.pyは、文字列「"月火水木金土日"」から1文字ずつ取り出して次のようなリストを生成します。

['月曜日', '火曜日', '水曜日', '木曜日', '金曜日', '土曜日', '日曜日']

LIST 4-21 lst_comp4.py

```
weekdays = [day + "曜日" for day in "月火水木金土日"]  ❶
print(weekdays)
```

❶では、文字列「"月火水木金土日"」から順に文字列を取り出し、変数dayに格納します。そして「day + "曜日"」で「"曜日"」と連結し、「"月曜日"」といった文字列の要素を生成しています。

図 4-133 実行結果

```
% python3 lst_comp4.py Enter
['月曜日', '火曜日', '水曜日', '木曜日', '金曜日', '土曜日', '日曜日']
```

条件を満たす要素を抽出する

リストの内包表記では条件を満たす要素を抽出することができます。それには内包表記の内部に、次のような書式でif文を組み合わせます。

図 4-134 if文で条件を満たす要素を抽出する

[式 for 変数 in イテレート可能なオブジェクト if 条件式]

これでif文の条件式の結果がTrueとなる要素のみがイテレートされます。

✅ 3の倍数のみを取り出す

次の例は整数が格納されたリストnums1から3倍数のみを取り出し、新たなリストnums2を生成します。

LIST 4-22 if_comp1.py 📁

```
nums1 = [1, 3, 7, 10, 9, 15, 20, 30]
nums2 = [n for n in nums1 if (n % 3) == 0]  ●──────❶

print(nums2)
```

❶ではif文の条件式「(n % 3) == 0」で3で割った余りが「0」、つまり3の倍数を取り出しています。

図 4-135 実行結果

```
% python3 if_comp1.py Enter
[3, 9, 15, 30]
```

参考のために、これを、内包表記を使用せずに、通常のfor文とif文の組み合わせで記述すると次のようになります。

LIST 4-23 if_comp1_for.py 📁

```
nums1 = [1, 3, 7, 10, 9, 15, 20, 30]
nums2 = []

for n in nums1:
    if (n % 3) == 0:
        nums2.append(n)

print(nums2)
```

✅ 指定した文字列を含む要素を取り出す

別の例として、リストの要素の中で先頭部分が"東京都"ではじまる要素を取り出し、先頭の東京都を取り除いて、市区町村名のリストを作成する例を示しましょう。

```
["東京都千代田区", "千葉県船橋市", "東京都杉並区", "埼玉県大宮市",
"東京都町田市", "東京都西東京市", "東京都大田区", "神奈川県横浜市"]
```

↓

```
['千代田区', '杉並区', '町田市', '西東京市', '大田区']
```

次にリストを示します。

LIST 4-24 if_comp2.py 📁

```python
address = ["東京都千代田区", "千葉県船橋市", "東京都杉並区", "埼玉県大宮市",
"東京都町田市", "東京都西東京市", "東京都大田区", "神奈川県横浜市"]

tokyo = [town[3:] for town in address if town.startswith("東京都")]  ●──❶
print(tokyo)
```

❶でリストの内包表記を使用しています。startswith()は操作対象の文字列が引数で指定した文字列で始まるかどうかを調べるメソッドです。「if town.startswith("東京都")」で要素が「"東京都"」で始まるかどうかを調べて、そうであればtown[3:]で4文字目以降を取り出して要素としています。

図 4-136 if_comp2.py❶の文の仕組み

```
tokyo = [town[3:]  for town in address  if town.startswith("東京都")]
```

③ townの4文字目以降を　　① addressから要素を順に　　② townが「"東京都"」で
　取り出して要素にする　　　取り出し変数townに格納　　　始まるかを調べる

図 4-133 実行結果

```
% python3 if_comp2.py Enter
['千代田区', '杉並区', '町田市', '西東京市', '大田区']
```

なお、「town[3:]」の代わりに、Python 3.9で追加された文字列の接頭語を削除するremoveprefix()メソッドを使用して次のようにすることもできます。

図 4-137 removeprefix()メソッドを使用

```
tokyo = [town.removeprefix("東京都") for town in address if town.⇨
startswith("東京都")]
```

次に、多少複雑な例を示しましょう。次のような「("名前", "性別")」の形式のタプルを要素とするリストがあるとします。

```
names = [("田中一郎", "男"), ("山田太郎", "男"), ("佐藤花子", "女"), ...]
```

この中から性別が「"男"」の要素を取り出して、新たに名前だけを要素とする次のようなリストを生成したいとします。

```
['田中一郎', '山田太郎', '猫山五朗', ...]
```

次にそのプログラムを示します。

LIST 4-25 if_comp3.py 📁

```
names = [("田中一郎", "男"), ("山田太郎", "男"), ("佐藤花子", "女"),
("猫山五朗", "男"), ("小林直子", "女"), ("大木虎夫", "男")]

men = [n[0] for n in names if n[1] == "男"]   ————①
print(men)
```

❶でリストの内包表記を使用しています。まず、「n in names」で、リストnamesの要素が変数nに格納されます。変数nはタプルのため、「if n[1] == "男"」でタプルの2番目の要素が「"男"」であることを調べ、そうであれば「n[0]」でタプルの最初の要素をリストの要素としています。

図 4-138 if_comp3.py ❶ の文の仕組み

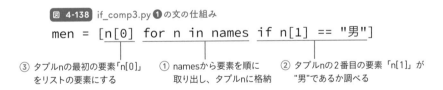

```
men = [n[0] for n in names if n[1] == "男"]
```

③ タプルnの最初の要素「n[0]」をリストの要素にする　　① namesから要素を順に取り出し、タプルnに格納　　② タプルnの2番目の要素「n[1]」が"男"であるか調べる

次に実行結果を示します。

図 4-139 実行結果

```
% python3 if_comp3.py Enter
['田中一郎', '山田太郎', '猫山五朗', '大木虎夫']
```

221

リストと同じように辞書も、内包表記を使用して作成することができます。次のような書式になります。

図 4-140 辞書の内包表記の書式

{キー:値 for 変数 in イテレート可能なオブジェクト}

リストの内包表記と異なるのは、全体を「{}」で囲み、各要素の「キー」と「値」のペアを「キー:値」の形式で記述する点です。

✔ リストの要素をキーとし、値が1の辞書を作成する

まずは、シンプルな例を示します。次の例は文字列のリストの各要素をキーとし、すべての要素の値を「1」とする辞書を生成します。

LIST 4-26 dic_comp1.py 📁

```python
colors = ["yellow", "pink", "blue", "green"]

colors_dic = {color:1 for color in colors}     ●①
print(colors_dic)
```

①で辞書の内包表記を使用しています。「for color in colors」で、リストcolorsからひとつずつ要素を取り出し変数colorに格納しています。「color:1」で変数colorをキーに、値を「1」に設定しています。

図 4-141 実行結果

```
% python3 dic_comp1.py Enter
{'yellow': 1, 'pink': 1, 'blue': 1, 'green': 1}
```

✔ ふたつのリストから辞書を作成する

続いて、ふたつのリストの要素から辞書を作成する例を示しましょう。次のような、英語の季節名と日本語の季節名のリストがあるとします。

```
        e_seasons = ["Spring", "Summer", "Autumn", "Winter"]
        j_seasosn = ["春", "夏", "秋", "冬"]
```

これらのリストから英語の季節名をキーに、日本語の季節名を値にする辞書を作成する例を示します。

LIST 4-27 dic_comp2.py

```
e_seasons = ["Spring", "Summer", "Autumn", "Winter"]
j_seasons = ["春", "夏", "秋", "冬"]

seasons = {e:j for (e, j) in zip(e_seasons, j_seasons)}        ①
print(seasons)
```

①で辞書の内包表記を使用しています。zip(e_seasons, j_seasons)でふたつのリストの要素をタプルとして戻し、タプルの最初の要素を変数eに格納し、タプルの2番目の要素を変数jに格納しています。「e:j」で、辞書の要素を生成しています。

図 4-142 dic_comp2.py①の文の仕組み

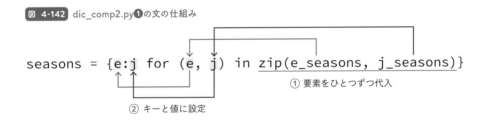

① 要素をひとつずつ代入

② キーと値に設定

図 4-143 実行結果

```
% python3 dic_comp2.py Enter
{'Spring': '春', 'Summer': '夏', 'Autumn': '秋', 'Winter': '冬'}
```

☑ 辞書のキーと値を入れ替える

前述のdic_comp2.pyで生成した辞書は、英語の季節名をキーに、日本語のキーを季節名にするものでした。

次に、辞書のすべての要素のキーと値を入れ替える例を示します。

```
seasons1 = {'Summer': '夏', 'Autumn': '秋', 'Winter': '冬', 'Spring': '春'}

seasons2 = {j:e for (e, j) in seasons1.items()}    ●————❶
print(seasons2)
```

❶のitems()メソッドでキーと値のペアを取り出し、「j:e」で入れ替えている点に注目してください。

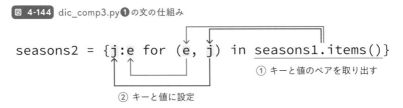

図 4-144 dic_comp3.py ❶ の文の仕組み

① キーと値のペアを取り出す

② キーと値に設定

図 4-145 実行結果

```
% python3 dic_comp3.py Enter
{'夏': 'Summer', '秋': 'Autumn', '冬': 'Winter', '春': 'Spring'}
```

☑ 集合の内包表記を使用する

集合（set）のデータも内包表記で作成することができます。次に書式を示します。

図 4-146 集合の内包表記の書式
{式 for 変数 in イテレート可能なオブジェクト}

リストの内包表記との相違点は全体を「[]」の代わりに「{}」で囲む点です。

☑ リストから集合を作成

集合の内包表記でもif文で条件を設定することができます。次のようなリストがあるとします。

```
lst = [100, 200, 100, 200, 300, 400, 90, 100, 50]
```

これらの要素から100より大きい要素を取り出し、要素が重複しない集合をつくるには次のようにします。

set_comp1.py 📂

```
lst = [100, 200, 100, 200, 300, 400, 90, 100, 50]

num = {num for num in lst if num > 100}  ●━━━━━❶
print(num)
```

❶で集合の内包表記を使用しています。if文の条件式「num > 100」でリストlstから100より大きい要素を抽出し、集合の要素としています。要素に重複があれば自動的に削除されます。

図 4-147 実行結果

```
% python3 set_comp1.py [Enter]
{200, 300, 400}
```

タプルの内包表記はない

　リスト、辞書、集合の内包表記があるということはタプルの内包表記はあるのでしょうか？　じつはPythonにはタプルの内包表記はありません。ただし、タプルの内包表記に似たような構文があるので注意してください。たとえば、リストの内包表記を使用して0〜4を要素とする内包表記を生成するには次のようにします。

図 **4-148** リストの内包表記

```
>>> test1 = [num for num in range(5)] Enter
```

　同じ値を要素とするタプルの内包表記にするには、「[ ]」の代わりに「( )」で囲めばよさそうな気がします。実際に実行してみるとエラーにはなりません。

図 **4-149** タプルで実験

```
>>> test2 = (num for num in range(5)) Enter
```

　これをforループで要素を表示してみると次のようになります。

図 **4-150** forループで要素を表示

```
>>> for num in test2: Enter
...     print(num) Enter
... Enter
0
1
2
3
4
```

　要素が表示されました。もう一度同じforループを実行してみましょう。もしtest2がタプルなら、上記のforループを何度実行しても同じ要素が表示されるはずです。

図 **4-151** 再度forループで要素を表示

```
>>> for num in test2: Enter
...     print(num) Enter
... Enter
```
　　　　何も表示されない

不思議ですね。じつは 図4-149 はジェネレータ式と呼ばれる構文で、生成されているのはジェネレータ（generator）と呼ばれるオブジェクトなのです。

図 4-151 タプルで実験

```
>>> test2 Enter
<generator object <genexpr> at 0x102bff7d8>
```

ジェネレータに関してはP.265「ジェネレータ関数を作成する」で説明しますが、ここではタプルの内包表記はないということを頭に入れておいてください。

✔ 文字列、リスト、タプルはシーケンス型のデータです

✔ 文字列やリストはスライスにより
指定した範囲を取り出せます

✔ コマンドライン引数は
sysモジュールのargvという名前のリストで
取得できます

✔ 値をフォーマットしてほかの文字列に埋め込むには
format()メソッドもしくはf文字列を使用します

✔ reモジュールを使用すると、
柔軟なパターンで検索／置換が行える
正規表現が利用できます

✔ 辞書はキーと値のペアでデータを管理します

✔ 辞書には、すべてのキーの値を取得するkeys()メソッド、
すべての値を取得するvalues()メソッド、
すべてのキーと値のペアを取得するitems()メソッドがあります

✔ 集合は要素に重複のないデータ型です

✔ 内包表記を使用すると、
リスト、辞書、集合の生成を簡潔に記述できます

✔ リストの内包表記の書式は次のようになります。

```
[式 for 変数 in イテレート可能なオブジェクト]
```

✔ 辞書の内包表記の書式は次のようになります。

```
{キー:値 for 変数 in イテレート可能なオブジェクト}
```

✔ 集合の内包表記の書式は次のようになります。

```
{式 for 変数 in イテレート可能なオブジェクト}
```

練習問題

Ⓐ 文字列「"123456789"」の3文字目から6文字目を取り出して
変数sに格納するステートメントはどれでしょう。

❶ s = "123456789"[3:6]

❷ s = "123456789"[2:6]

❸ s = "123456789"{3,6}

❹ s = "123456789".format(3, 6)

Ⓑ 空欄を埋めて、コマンドライン引数で複数の数値を入力し、
その平均を表示するプログラムを完成させてください
（結果は小数点以下3桁まで表示します）。

```python
import sys

sum = 0
for i in range(1, len(sys.argv)):
    sum += float(  1  )

print(f"平均: {  2  :.3f}")
```

Ⓒ 次のような、プログラミング言語名をキーに、利用者数を値にした
アンケート結果が格納されている辞書があるとします。

```python
lang = {"Python":45, "C":14, "Swift":40, "JavaScript":40, ⇨
"Java": 44}
```

空欄を埋めて、すべての要素を次のように表示するプログラムを
完成させてください。

```
Pythonの利用者は45人
Cの利用者は14人
Swiftの利用者は40人
JavaScriptの利用者は40人
Javaの利用者は44人
```

```
lang = {"Python":45, "C":14, "Swift":40, "JavaScript":40, ⇨
"Java": 44}
  1   l, n, in  2  :
    print("{}の利用者は{}人".format(l, n))
```

D 名前と年齢のタプルを要素とするリストがあります。

```
customers = [("田中一郎", 25), ("山田太郎", 23), ("佐藤花子", ⇨
15),("猫山五朗", 33), ("小林直子", 26), ("大木虎夫", 18)]
```

このリストをもとに、年齢が20才以上の要素を取り出し、
次のような名前のリストをつくりたいとします。

```
['田中一郎', '山田太郎', '猫山五朗', '小林直子']
```

空欄を埋めて、リストの内包表記を完成させてください。

```
names = [  1   for c in customers if   2  ]
```

Python プログラミングを 実践してみよう

本書をここまで学んできたみなさんは、Pythonプログラミングの基礎をつかめたことと思います。Part 2では実践編として、Pythonを活用していくために欠かせない知識について説明していきます。ファイルの読み書き、関数、lambda式、クラスの作成といった多少高度な内容が登場しますが、Part 1が理解できていれば恐れることはありません。実際に手を動かしてプログラミングを行いながら学習を進めていきましょう！

CHAPTER

5 » オリジナルの 関数を作成する

Pythonの標準ライブラリには
さまざまな関数が用意されていますが、
もちろん、独自の関数を作成することも可能です。
このChapterでは、ユーザーがオリジナルの関数を定義して
それを使用する方法について説明します。

CHAPTER 5 - 01 　関数を作成してみよう

CHAPTER 5 - 02 　可変長引数と
無名関数の取り扱い

CHAPTER 5 - 03 　関数を活用する

これから学ぶこと

✔ オリジナル関数の定義方法について学びます

✔ 変数の有効範囲であるスコープについて理解しましょう

✔ いろいろな引数の指定方法について理解しましょう

✔ lambda式による無名関数について学びます

✔ 関数を別の関数の引数にする方法について学びます

✔ ジェネレータ関数の使い方について学びます

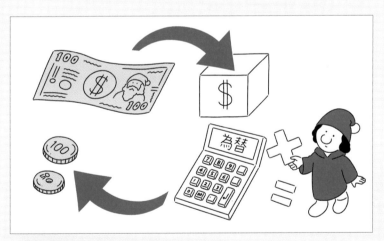

イラスト 5-1 自分で関数を作って計算を便利に

よく使う処理を関数としてまとめておくと便利です。それでは、オリジナルの関数を作成するにはどうしたらよいでしょう？ 無名関数とは？ ジェネレータ関数とは？ そんな疑問にお答えしていきましょう。

関数を作成してみよう

この節では、実際にシンプルなオリジナルの関数を作成しながら、Pythonにおける関数の作成方法の基礎について学んでいきましょう。

✔ 関数はdef文で定義する

Pythonではdef文を使用して関数を定義します。次に基本的な書式を示します。

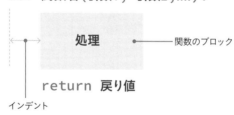

図 5-1 関数定義の基本的な書式

```
def 関数名(引数1, 引数2,....):

        処理         ——— 関数のブロック

    return 戻り値
```
インデント

関数の本体はインデントを使用してブロックにします。関数が何らかの値を返す場合には、return文で戻り値を指定します。

関数名の付け方

関数名の付け方は変数名と同じです。通常、英小文字を使用し、複数の単語から構成される名前を付けたい場合にはアンダースコア「_」で接続します。

✅ ドルの値から円を求める関数を作成する

次に、シンプルなオリジナル関数の定義例として、ドルの金額（dollar）と為替レート（rate）を引数に円の値を戻す、dollar_to_yen()関数を示します。

図 5-2 dollar_to_yen()関数

引数1　　　引数2

```
def dollar_to_yen(dollar, rate):
    return dollar * rate
```
└─ ふたつの引数をかけた値を戻す

次に、この関数を定義して呼び出すプログラム例を示します。

LIST 5-1 dollar_to_yen1.py 📁

```
def dollar_to_yen(dollar, rate):
    return dollar * rate                  ❶

# 引数にリテラルを指定して呼び出す
yen = dollar_to_yen(100, 105)             ❷
print("為替レート: 105")
print(f"100ドルは{yen}円")

rate = 100
dollar = 150
# 引数に変数を指定して呼び出す
yen = dollar_to_yen(dollar, rate)         ❸
print(f"為替レート: {rate}")
print(f"{dollar}ドルは{yen}円")
```

❶でdollar_to_yen()関数を定義しています。このように関数は呼び出す前に定義しておく必要があります。

❷では、dollar_to_yen()関数の引数にドルと為替レートの数値をリテラルで直接指定してこの関数を呼び出しています。❸では、変数を引数にして関数を呼び出します。

図 5-3 実行結果

```
% python3 dollar_to_yen1.py [Enter]
為替レート: 105
100ドルは10500円
為替レート: 100
150ドルは15000円
```

☑ 実引数と仮引数について

呼び出し側の引数を「実引数（argument）」、関数定義側の引数を「仮引数（parameter）」と呼びます。関数が呼び出されると実引数が仮引数に受け渡されます。関数内で処理が行われ、return文で指定した値が、呼び出し側に戻されるわけです。

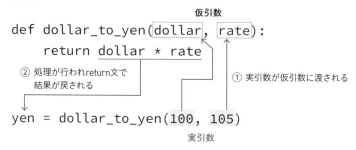

図 5-4　実引数と仮引数

なお、上記の例では実引数と仮引数の順番は同じである必要があります。このような実引数の指定方法を「固定引数」と呼びます。

☑ キーワード引数とデフォルト値の指定

続いて、関数呼び出し時に引数名を指定するキーワード引数、および、引数にデフォルト値を設定する方法について説明しましょう。

☑ 引数をキーワード指定する

関数を呼び出す場合に、固定引数では、特に引数の値をリテラルで直接指定すると、それが何の引数かがわかりにくい場合があります。

図 5-5　数値だけでは何の引数なのかわかりにくい

```
yen = dollar_to_yen(100, 105)
```
ドルの値？　　　　　為替レートの値？

じつはPythonでは、関数の呼び出し時に、「キーワード=値」といった書式で引数を与えることができます。キーワードは仮引数名と同じです。このような引数の指定方法を「キーワード引数」といいます。

図 5-6 キーワード引数

```
yen = dollar_to_yen(dollar=100, rate=105)
```

すべての引数をキーワード指定した場合、引数の並び順を変えてもOKです。

図 5-7 キーワード引数は引数の順番を入れ替えてもOK

```
yen = dollar_to_yen(rate=105, dollar=100)
```

次にdollar_to_yen1.pyのdollar_to_yen()関数の引数を、キーワード引数に変更した例を示します。

LIST 5-2 dollar_to_yen2.py 📁

```
def dollar_to_yen(dollar, rate):
    return dollar * rate

# 引数にリテラルを指定して呼び出す
yen = dollar_to_yen(dollar=100, rate=105)          ●━━━❶
print("為替レート: 105")
print(f"100ドルは{yen}円")


rate = 100
dollar = 150
# 引数に変数を指定して呼び出す
yen = dollar_to_yen(dollar=dollar, rate=rate)      ●━━━❷
print(f"為替レート: {rate}")
print(f"{dollar}ドルは{yen}円")
```

❶❷でキーワード引数を使用してdollar_to_yen()関数を呼び出しています。❷のようにキーワード引数の変数名が同じでもかまいません。

通常の引数とキーワード引数の記述順

　通常の引数（固定引数）と、キーワード引数を混在させる場合には、キーワード引数をあとに記述する必要があります。

図 5-8 キーワード引数をあとに記述

```
yen = dollar_to_yen(100, rate=105)        ●━[OK]
yen = dollar_to_yen(dollar=100, 105)      ●━[NG]
```

✔ 引数にデフォルト値を設定する

関数呼び出し時に、引数を指定しなかった場合のデフォルト値を設定することができます。それには、関数の定義でデフォルト値を設定したい引数に「引数名=デフォルト値」を指定します。このとき、デフォルト値を持つ引数はデフォルト値を持たない引数のうしろに置く必要があります。

図 5-9 引数のデフォルト値を指定

def 関数名（引数1，引数2，… ，**引数n=デフォルト値**）：
　　〜

さて、dollar_to_yen2.pyのdollar_to_yen()関数では、ドルの金額と為替レートを引数にしていました。為替レートを指定しない場合にはデフォルト値として100を設定するようにしてみましょう。

LIST 5-3 dollar_to_yen3.py 📁

```
def dollar_to_yen(dollar, rate=100):        ●①
    return dollar * rate

# 2つの引数を指定して呼び出す
dollar1 = 100
yen = dollar_to_yen(dollar1, 105)           ●②
print(f"為替レート: {105}")
print(f"{dollar1}ドルは{yen}円")

# 引数rateを省略して呼び出す
dollar2 = 50
yen = dollar_to_yen(dollar2)                ●③
print(f"為替レート: {100}")
print(f"{dollar2}ドルは{yen}円")
```

①で引数rateのデフォルト値を「100」に設定しています。これで呼び出し時に引数rateの値を指定しなかった場合には「100」を指定したものとみなされます。

②ではデフォルト値を使用せず、ドルの値と為替レートのふたつの引数を指定して、dollar_to_yen()関数を呼び出しています。③ではデフォルト値を使用し、為替レートを省略してdollar_to_yen()関数を呼び出しています。

図 5-10 実行結果

```
% python3 dollar_to_yen3.py [Enter]
為替レート: 105
100ドルは10500円
為替レート: 100
50ドルは5000円
```

☑ 関数呼び出しと引数の値

Pythonでは関数を呼び出して引数を受け渡す場合に、オブジェクトを指し示す「リファレンス」と呼ばれる値がコピーされて渡されます。実引数のオブジェクトのid番号が、仮引数にコピーされて渡されると考えてもよいでしょう。このとき、関数の内部で引数のオブジェクトを変更しても、呼び出し側には反映されません。

次の例を見てみましょう。

LIST 5-4 arg_test1.py

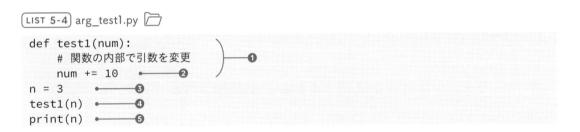

```
def test1(num):
    # 関数の内部で引数を変更        ❶
    num += 10      ❷
n = 3      ❸
test1(n)      ❹
print(n)      ❺
```

❶のtest1()関数では、❷で引数numに10を加えています。

❸では、変数nに数値「3」を代入し、❹で変数nを引数にtest1()関数を呼び出しています。

❺で変数nの値を表示しています。

結果は次のようになります。

図 5-11 実行結果

```
% python3 arg_test1.py [Enter]
3    ●────[変数nの値は変更されていない]
```

❺の結果をみると、変数nの値は元のままです。つまり、❷の関数の内部での引数の値の変更は、呼び出し側には反映されていません。その理由は、❷では新たなオブジェクトが生成され、このオブジェクトは元のオブジェクトとはid番号が異なるためです。次のようにid()関数（P.102「オブジェクトのid番号を調べるには」参照）で確認するとわかるでしょう。

arg_test2.py 📁

```
def test1(num):
    # 関数の内部で引数を変更
    print(f"num: {id(num)}")        ●━━━━━❶
    num += 10      ●━━━❷
    print(f"num: {id(num)}")        ●━━━━━❸

n = 3
test1(n)
print(n)
```

❶❸で引数numのid番号を表示しています。

次ページに実行結果を示します。

図 5-12 実行結果

```
% python3 arg_test2.py Enter
num: 4297537952      ●━━━❶のid番号
num: 4297538272      ●━━━❸のid番号
3
```

上記のように、❷の足し算の前と後ではid番号が異なることがわかります。

✅ ミュータブルな引数を使用すると変更が反映される

引数にリストなどのミュータブル（変更可）なオブジェクトを渡して、関数の内部でその要素を追加、変更した場合には、呼び出し側に変更が反映されます。その理由は関数の内部と外部で同じオブジェクトを参照しているからです。言い換えると、オブジェクトのid番号が変わらないからです。

arg_test3.py 📁

```
def test2(lst):
    print(f"lst: {id(lst)}")        ●━━━❶
    lst[0] = 0      ●━━❷要素を変更する
    lst.append(100)      ●━━❸要素を追加する
    print(f"lst: {id(lst)}")        ●━━━❹

l = [1, 2, 3]
test2(l)      ●━━❺
print(l)      ●━━❻
```

test2()関数はリストを引数に取ります。❷❸で引数として渡されたリストの要素を変更、追加しています。

❺でリストを引数にtest 2()関数を呼び出し、❻で呼び出したあとのリストを表示しています。

図 5-13 実行結果

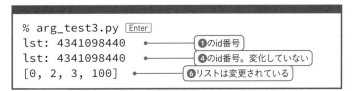

```
% arg_test3.py Enter
lst: 4341098440        ●────── ❶のid番号
lst: 4341098440        ●────── ❹のid番号。変化していない
[0, 2, 3, 100]         ●────── ❻リストは変更されている
```

結果を見ると、要素を変更したあともid番号は変化していないことがわかります。❻でリストの中身を表示すると、関数内での変更が反映されています。

✓ ミュータブルな引数を使用しても変更が反映されない場合

なお、ミュータブルなオブジェクトを引数にしても、関数内で新たなオブジェクトを引数に代入してしまうと、呼び出し側に変更は反映されません。

次の例を見てみましょう。

LIST 5-7 arg_test4.py 📁

```
def test3(lst):
    print(f"lst: {id(lst)}")     ●────── ❶
    lst = lst + [3, 4]           ●────── ❷
    print(f"lst: {id(lst)}")     ●────── ❸


l = [1, 2, 3]
test3(l)
print(l)     ●────── ❹
```

test 3()関数はリストを引数にしていますが、❷の「+」演算子で別のリストを連結しています。すると新たなリストが生成されるためid番号が変化してしまいます。

図 5-14 実行結果

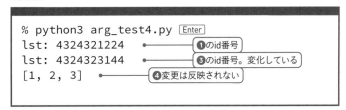

```
% python3 arg_test4.py Enter
lst: 4324321224        ●────── ❶のid番号
lst: 4324323144        ●────── ❸のid番号。変化している
[1, 2, 3]              ●────── ❹変更は反映されない
```

✓ 変数のスコープについて

変数には、それが有効な範囲である「スコープ」があります。スコープは「グローバルスコープ」と「ローカルスコープ」に大別されます。

✓ グローバルスコープの変数は関数内でアクセスできる

プログラム全体で有効なスコープを「グローバルスコープ」といいます。関数の外部で値を代入した変数はグローバルスコープとなり、任意の関数からアクセスできます。これを「グローバル変数」といいます。

LIST 5-8 scope1.py

```
value1 = 1          ——————❶
def scope_test1():
    print(value1)   ——————❷

scope_test1()       ——————❸
```

❶で変数value1に「1」を代入しています。これで変数value1のスコープはグローバルスコープとなります。scope_test1()関数の内部の❷でvalue1の値を表示しています。

グローバルスコープの変数は関数の内部からアクセスできるので、❸でscope_test1()を呼び出すとvalue1の値が表示されるはずです。

実行して確認してみましょう。

図 5-15 実行結果

```
% python3 scope1.py [Enter]
1
```

✓ 関数内で値を代入した変数はローカルスコープ

Pythonでは、関数の内部で値を代入した変数のスコープは関数の内部になります。スコープはローカルスコープとなり、関数の外部からはアクセスできません。そのような変数を「ローカル変数」といいます。次の例を見てみましょう。

scope2.py 📁

```
def scope_test2():
    value2 = 1        ●①

print(value2)         ●②
```

scope_test2()関数の内部の①変数value2に「1」を代入しています。変数value2はローカルスコープとなるため、関数の外部からはアクセスできません。したがって②で表示しようとするとエラーになるはずです。試してみましょう。

図 5-16 実行結果

```
% python3 scope2.py Enter
Traceback (most recent call last):
  File "scope2.py", line 4, in <module>
    print(value2)
NameError: name 'value2' is not defined      ●①
```

①でvalue2は定義されていないというエラー（NameError例外）が発生しました。

☑ ローカルスコープとグローバルスコープに同じ名前の変数がある場合

ローカルスコープとグローバルスコープに同じ名前の変数がある場合、関数の内部ではローカルスコープが優先されます。別の言い方をすると、グローバルスコープの同じ名前の変数は関数の内部では見えなくなります。次の例を見てみましょう。

LIST 5-10 scope3.py 📁

```
value3 = 1            ●①
def scope_test3():
    value3 = 100      ●②
    print("内部: ", value3)      ●③

scope_test3()         ●④
print("外部: ", value3)      ●⑤
```

①②で、グローバルスコープとローカルスコープで同じ名前の変数value3があります。

④でscope_test3()関数を呼び出して、ローカルスコープのvalue3に100を代入し、関数内部の③でその値を表示しています。⑤でグローバルスコープのvalue3を表示しています。

実行してみると②のローカル変数の変更は、グローバル変数には反映されていないことがわかります。

図 5-17 実行結果

```
% python3 scope3.py Enter
内部:  100  ●────────[ローカル変数]
外部:  1    ●────────[グローバル変数はそのまま]
```

☑ 関数の内部でグローバル変数に値を代入する

それでは、関数の内部でグローバルスコープの変数に値を代入したい場合にはどうすればよいでしょう。それには関数の先頭部分で次のようにglobal文を記述しておきます。

図 5-18 global文

global 変数名

すると、その変数が、グローバル変数として扱われます。

次に、前述のscope3.pyのscope_test3()関数内で定義したローカル変数value3をグローバル変数に変更した例を示します。

LIST 5-11 scope4.py 📁

```
value3 = 1
def scope_test3():
    global value3      ●────●①
    value3 = 100       ●────●②
    print("内部: ", value3)

scope_test3()
print("外部: ", value3)    ●────●③
```

scope3.pyとの相違は、①でglobal文を使用して変数value3をグローバル変数として宣言している点です。これで②は、ローカル変数ではなくグローバル変数のvalue3への代入となります。したがって、③でグローバル変数の値を表示すると100となります。

図 5-19 実行結果

```
% python3 scope4.py Enter
内部:  100
外部:  100
```

可変長引数と
無名関数の取り扱い

CHAPTER 5

02

前節の説明でオリジナル関数の基本的な使い方が理解できたと思います。この節では、任意の数の引数を受け取れる可変長引数の設定と、名前のない関数である無名関数の定義方法について説明します。

☑ 任意の数の引数を受け取る可変長引数について

関数には任意の数の引数を受け取れるものがあります。たとえば、print()組み込み関数もそのひとつです。

図 5-20 任意の数の引数を受け取れるprint()関数

```
>>> print(3, 4) Enter    ●────[引数ふたつ]
3 4
>>> print(2016, 1, 3, "Hello", "Python") Enter    ●────[引数5つ]
2016 1 3 Hello Python
```

このような、引数を「可変長引数」と呼びます。

☑ 可変長引数は引数名の前にアスタリスク「＊」を指定する

オンラインマニュアルでprint()関数の定義を確認すると次のようになっています。

図 5-21 print()関数の定義

```
print(*objects, sep=' ', end='\n', file=sys.stdout, flush=False)
```
　　　　└──┘　　└──────────────────────────┘
　　　　可変長引数　　　　　うしろの引数はキーワード引数にする

最初の引数の「＊objects」では、引数の前にアスタリスク「＊」が付いていますが、これが可変

長の引数の指定です。そのうしろの引数はデフォルト値を持っています。可変長引数では任意の数の引数を受け取るので、そのうしろの引数は必ずキーワード指定する必要があります。

print()関数の場合、2番目の引数「sep」は複数の引数が指定された場合の区切り文字として使用される文字列の指定です。デフォルトはスペース「' '」です。

たとえば、「sep="-"」として区切り文字をハイフン「-」にし、任意の数の引数を接続するには次のようにします。

図 **5-22** 区切り文字をハイフン「-」にし、任意の数の引数を接続

```
>>> print(1, 2, "Hello", "Python", sep="-") [Enter]
1-2-Hello-Python  ←——[任意の数の引数がハイフン「-」で接続される]
```

✅ 可変長引数を受け取る関数を作成する

実際にオリジナルの関数で、可変長引数を受け取る例を示しましょう。引数を可変長引数にするには、単に引数名の前にアスタリスク「*」を記述するだけでOKです。なお、関数内では可変長引数はタプルとして扱います。

次の例を見てみましょう。

LIST **5-12** arg_test5.py 📂

```
def func(arg1, *arg2):    ←——❶
    print(arg1, arg2)    ←——❷

func(1, 2, 3, 4)  ←——❸
func("hello", "Python", 2015, 3, 5)  ←——❹
```

❶で、arg1とarg2というふたつの引数を持つ関数func()を定義しています。2番目の引数arg2の前にアスタリスク「*」を記述して可変長引数にしています。❷のprint()関数でそれらの引数を表示しています。

❸❹で引数の数を変えて、関数func()を2回呼び出しています。

実行結果を見ると、2番目以降の実引数がひとつのタプルとして渡されているのがわかると思います。

図 **5-23** 実行結果

```
% python3 arg_test5.py [Enter]
1 (2, 3, 4)  ←——[2番目以降の引数がタプルとなる(❸の呼び出し)]
hello ('Python', 2015, 3, 5)  ←——[2番目以降の引数がタプルとなる(❹の呼び出し)]
```

☑ 引数の順番に注意

可変長引数にはキーワード指定はできません。また、可変長引数を取る関数では、引数の順番に注意が必要です。キーワード指定しない場合には、可変長引数を最後に指定する必要があります。arg_test5.pyのfunc()関数で、最初の引数を可変長引数にしたとしましょう。

LIST 5-13 arg_test6.py 📁

```python
def func(*arg1, arg2):
    print(arg1, arg2)

func(1, 2, 3, 4)
func("hello", "Python", 2015, 3, 5)
```

この場合、実行時に次のようなエラーになります。

図 5-24 実行結果

```
% python3 arg_test6.py Enter
Traceback (most recent call last):
  File "arg_test2.py", line 4, in <module>
    func(1, 2, 3, 4)
TypeError: func() missing 1 required keyword-only argument: 'arg2'
```

可変長引数を、通常の引数の前に指定することもできます。その場合、必ず、通常の引数をキーワード引数にして呼び出す必要があります。

LIST 5-14 arg_test7.py 📁

```python
def func(*arg1, arg2):
    print(arg1, arg2)

func(1, 2, 3, arg2=4)
func("hello", "Python", 2015, 3, arg2=5)
```
❶

❶で最後の引数をキーワード引数にして呼び出しています。

図 5-25 実行結果

```
% python3 arg_test7.py Enter
(1, 2, 3) 4
('hello', 'Python', 2015, 3) 5
```

✅ 引数の平均値を戻す関数を作成する

可変長引数を使用した関数の具体例として、引数の平均値を戻すaverage()関数の作成例を示しましょう。引数は数値で、引数の個数はいくつであってもかまいません。

LIST 5-15 average1.py 📁

```python
def average(*nums):
    sum = 0
    for n in nums:
        sum += n          ❶
    return sum / len(nums)  ●――❷

print(average(1, 10, 100))
```

❶でfor文を使用して、タプルとして渡された引数の合計を求めています。❷でそれを要素数であるlen(nums)で割ることで平均を求めています。

図 5-26 実行結果

```
% python3 average1.py Enter
37.0
```

なお、Pythonには数値を要素とするリストやタプルの要素の総和を求めるsum()組み込み関数が用意されています。

図 5-26 sum()関数

sum(リスト)

要素の値の合計を戻す

これを使用すると、average1.pyのaverage()関数は次のようにシンプルに記述できます。

LIST 5-16 average2.py（一部）📁

```python
def average(*nums):
    return sum(nums) / len(nums)
```

✔️ キーワード引数を辞書として受け取る

仮引数名の前に「**」（アスタリスク「*」をふたつつなげる）を記述すると、関数呼び出し時にキーワード指定された任意の数の引数を辞書として受け取れます。次の例を見てみましょう。

LIST 5-17 arg_test8.py 📁

```python
def func(**dic):          ─┐─❶
    print(dic)   ●───❷ ─┘

func(name="田中一郎", num=1)   ●───❸
func(name="山田太郎", age=59, num=2, point=60)   ●───❹
```

❶でfunc()関数を定義し、引数dicの前に「**」を記述しています。これでキーワード引数を、引数名をキーとする辞書データとして受け取ります。❷で、print()関数によりそれらの引数の値を表示しています。

❸❹で、キーワード引数として値を受け渡しています。結果を確認してみましょう。

図 5-27 実行結果

```
% python3 arg_test8.py Enter
{'name': '田中一郎', 'num': 1}   ●───❸の結果
{'name': '山田太郎', 'age': 59, 'num': 2, 'point': 60}   ●───❹の結果
```

この場合、呼び出し時にキーワード引数を指定しないとエラーになります。

図 5-28 キーワード引数を指定しないとエラーになる

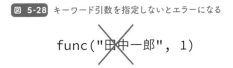

func("田中一郎", 1)

✔️ 引数の順番に注意

通常の引数と、前に「**」を記述した引数を混在させる場合は、引数の順番に注意が必要です。まず、「**」を記述した引数の前に、通常の引数を指定することは可能です。

図 5-29 正しい使用例

```python
def func(arg, **dic):
    print(dic)
```

ただし、「**」を記述した引数のうしろに、通常の引数を記述することはできません。

図 5-30 間違った使用例

```
def func(**dic, arg):
    print(dic)
```

関数もオブジェクト

Pythonでは関数もオブジェクトです。たとえば、通常のオブジェクトと同様に変数に格納できます。次の例は、単に引数の内容を「こんにちは〜」と表示するhello()関数です。

図 5-31
hello()関数

```
>>> def hello(str): Enter
...       print("こんにちは" + str) Enter
... Enter
>>> hello("Python") Enter
こんにちはPython
```

hello()関数を別の変数my_funcに代入するには次のようにします。

図 5-32
my_funcに
代入

```
>>> my_func = hello Enter
```

右辺のhelloには「()」を付けない点に注意してください。
以上で、hello()関数は「my_func」という名前でも呼び出すことができます。

図 5-33
「my_func」
で呼び出す

```
>>> my_func("JavaScript") Enter
こんにちはJavaScript
```

type()関数で型を表示してみると、どちらも「<class 'function'>」と表示されます。

図 5-34
型を調べる

```
>>> type(hello) Enter
<class 'function'>
>>> type(my_func) Enter
<class 'function'>
```

✔ lambda式で無名関数を定義する

　小規模な関数を手軽に定義するための書式にlambda式（ラムダ式）があります。lambda式は「無名関数」とも呼ばれ、文字通り名前のない関数です。次節で詳しく説明しますが、リストや辞書などの要素の処理に多用されます。lambda式の基本的な書式は次のようになります。

図 5-35 lambda式の基本的な書式

$$\texttt{lambda\ \ 引数1,\ \ 引数2,\ \ 引数3,\ ...:\ \ 処理}$$

引数をカンマ「,」で区切って記述　　処理の結果が戻される

✔ lambda式の作成例

　まずはシンプルな例を示しましょう。次の例はふたつの引数のうち小さいほうを戻すsmaller()関数です。

LIST 5-18 smaller1.py

```
def smaller(num1, num2):
    return num2 if num1 > num2 else num1        2    1

print(smaller(9, 2))
print(smaller(1, 11))        3
```

　❶で、smaller()関数を定義し、❷の条件演算式（P.139「条件判断を簡潔に記述できる条件演算式」参照）で引数の小さいほうを戻しています。❸でsmaller()関数を呼び出し、結果を表示しています。

図 5-36
実行結果

```
% python3 smaller1.py Enter
2
1
```

　このsmaller()関数をlambda式で記述すると次のようになります。

LIST 5-19 smaller2.py

```
smaller = lambda num1, num2: num2 if num1 > num2 else num1        1

print(smaller(9, 2))
print(smaller(1, 11))        2
```

❶でlambda式で関数を定義し、変数smallerに代入しています。処理部分はsmaller1.pyと同じく条件演算式を使用しています。

図 5-37 ❶の部分の処理

```
lambda num1, num2: num2 if num1 > num2 else num1
```
引数　　　引数　　　num1とnum2の小さいほうが戻される

❷ではsmaller1.pyと同様に「smaller」という名前の関数を呼び出しているように見えますが、実際には、これは、lambda式で定義された無名関数を呼び出しています。

☑ キーワード引数やデフォルト値もOK

lambda式では、キーワード引数やデフォルト値も設定できます。インタラクティブモードで試してみましょう。たとえば、ドルと為替レートから円の金額を求める無名関数を定義して呼び出す例を示します。

図 5-38 インタラクティブモードで確認

```
>>> dollar_to_yen = lambda dollar, rate=105: dollar * rate  Enter
>>> dollar_to_yen(dollar=5)  Enter
525
```
dollarをキーワード引数にして呼び出す　　rateにデフォルト値を設定

☑ 無名関数で可変長引数を指定する

lambda式で、可変長引数を指定することもできます。次に、引数の平均を求めるP.248 LIST 5-16 average2.pyのaverage()関数を無名関数として定義する例を示します。

LIST 5-20 average3.py 📁

```
average = lambda *nums: sum(nums) / len(nums)  ❶

print(average(1, 10, 100))  ❷
```

❶で無名関数として定義した関数を変数averageに代入しています。❷の関数の呼び出しは、average2.pyと同じです。

図 5-39
実行結果

```
% python3 average3.py  Enter
37.0
```

CHAPTER 5

03

関数を活用する

この節では、関数の活用方法として、関数を利用してリストの要素をまとめて処理したり並べ替えたりする方法について説明します。またオリジナルのイテレータ機能を手軽に作成する、「ジェネレータ」と呼ばれる機能についても解説します。

☑ | リストの要素に対して処理を行うmap()関数

Pythonでは関数もファーストクラス・オブジェクト（P.255「ファーストクラス・オブジェクトとは」参照）のため、別の関数の引数として渡すことができます。Pythonの組み込み関数にも、関数を引数に受け取れるものが用意されています。ここではその一例として、リストのすべての要素に対して関数で指定した処理を行うmap()関数を紹介しましょう。

図 5-40 map()関数

map（関数，リスト）

**リストの要素に関数で指定した処理を行って
イテレート可能なオブジェクトを戻す**

たとえば、次のようなインチの値を要素とするリストinchesがあるとします。

inches = [9, 5.5, 6, 4, 5, 6.5, 10]

map()関数を使用して、リストinchesのすべての要素に2.54をかけて、センチメートルの値を表示するには次のようにします。

LIST 5-21 map1.py

```python
def to_cm(inch):          ┐──❶
    return inch * 2.54     ┘

inches = [9, 5.5, 6, 4, 5, 6.5, 10]
for cm in map(to_cm, inches):     ──❷
    print(cm)
```

❶でto_cm()関数を定義しています。内容は引数に2.54をかけてreturnで戻しているだけの単純なものです。

❷でmap()関数の最初の引数にto_cm()関数を指定しています。このように関数を引数にする場合には「()」は付けません。2番目の引数にはリストinchesを指定しています。

図 5-41 ❷のmap()関数

$$map(\underline{to\_cm},\ \underline{inches})$$

処理を行う関数(関数名のあとに()を付けない)　　処理対象のリスト

map()関数は、処理を行った結果として「マップオブジェクト」というイテレート可能なオブジェクトで戻すので、❷でfor文を使用して順に表示しています。

図 5-42
実行結果

```
% python3 map1.py Enter
22.86
13.97
15.24
10.16
12.7
16.51
25.4
```

✅ map()関数の結果をリストに変換する

list()コンストラクタを使用すると、map()関数の結果のマップオブジェクトをリストに変換できます。map1.pyを変更して、マップオブジェクトをリストに変換してから表示する例を示します。

LIST 5-22 map2.py 📂

```
def to_cm(inch):
    return inch * 2.54

inches = [9, 5.5, 6, 4, 5, 6.5, 10]
cms = list(map(to_cm, inches))      ●──❶
print(cms)      ●──❷
```

❶でmap()関数の戻り値をlist()の引数にしています。これで変数cmsにはリストが代入されるので、❷で表示しています。

図 5-43
実行結果

```
% python3 map2.py Enter
[22.86, 13.97, 15.24, 10.16, 12.7, 16.51, 25.4]
```

☑ 無名関数を使用する

map2.pyでは関数内の処理は1行だけなので、lambda式による無名関数で記述しても同じです。

LIST 5-23 map3.py 📂

```
inches = [9, 5.5, 6, 4, 5, 6.5, 10]
cms = list(map(lambda n:n * 2.54, inches))    ●━━ ❶無名関数を最初の引数に指定
print(cms)
```

❶で無名関数をmap()関数の第1引数にしています。

☑ リストの内包表記を使用する

map3.pyのようにmap()関数から呼び出す関数が無名関数で記述可能な場合、map()関数の代わりにリストの内包表記（P.215「4.04 リスト、辞書、集合を生成する内包表記」参照）を使用しても同じ処理が行えます。

LIST 5-24 map4.py 📂

```
inches = [9, 5.5, 6, 4, 5, 6.5, 10]
cms = [n * 2.54 for n in inches]    ●━━❶
print(cms)
```

❶でリストの内包表記を使用しています。map3.pyのmap()関数と比べるとよりシンプルに記述できます。

ファーストクラス・オブジェクトとは

　最近のプログラミング言語の経験者の方は、「ファーストクラス・オブジェクト（第1級オブジェクト）」という用語を聞いたことがあるかもしれません。言語によって細かな定義は異なりますが、ファーストクラス・オブジェクトとは、おおざっぱにいえば、変数に格納したり、関数の引数にしたり戻り値として戻すことのできるデータのことです。たとえば、たいていの言語では数値や文字列はファーストクラス・オブジェクトです。

　Pythonのようなモダンな言語の場合、すべてのデータはファーストクラス・オブジェクトです。リストや辞書といった組み込み型はもちろん、関数もファーストクラス・オブジェクトです。

関数を引数に取る関数の別の例として、filter()関数を紹介しましょう。filter()関数はリストの要素に対して順に引数で指定した関数を実行し、結果がTrueとなる要素を戻します。

図 5-44 filter()関数

filter(関数, リスト)

リストの要素に対して関数で指定した処理を行って
Trueとなる要素をイテレート可能なオブジェクトとして戻す

filter()関数を使用すると、リストから条件に一致する要素を取り出すことが可能です。map()関数の例でも使用した、次のようなインチの値を要素とするリストinchesがあるとします。

```
inches = [9, 5.5, 6, 4, 5, 6.5, 10]
```

このリストから、値が5インチより大きい要素を取り出して、センチメートルに変換したリストcmsを生成する例を示します。

LIST 5-25 filter1.py 📁

```
def larger_5(inch):
    return inch > 5          ──❶

inches = [9, 5.5, 6, 4, 5, 6.5, 10]
cms = []          ──❷
for inch in filter(larger_5, inches):          ──❸
    cms.append(inch * 2.54)          ──❹
print(cms)          ──❺
```

❶で、引数の値が5より大きい場合にTrueを戻すlarger_5()関数を定義しています。

❷で結果を格納する空のリストcmsを用意しています。

❸のfor文でfilter()関数を使用してリストinchesから5インチより大きい要素をフィルタリングして、❹で2.54をかけてセンチメートルに変換し、リストcms()に追加しています。

❺でリストcmsを表示しています。

図 5-45 実行結果

```
% python3 filter1.py Enter
[22.86, 13.97, 15.24, 16.51, 25.4]
```

☑ 無名関数を使用する

larger_5()関数のブロックのステートメントはひとつだけなので、lambda式により無名関数にできます。次に、filter1.pyのlarger_5()関数を無名関数にした例を示します。

LIST 5-26 filter2.py 📁

```python
inches = [9, 5.5, 6, 4, 5, 6.5, 10]
cms = []
for inch in filter(lambda inch:inch > 5, inches):
    cms.append(inch * 2.54)
print(cms)
```

☑ 内包表記を使用する

さらに、filter()関数の代わりに、内包表記を使用して書き直すと次のようになります。

LIST 5-27 filter3.py 📁

```python
inches = [9, 5.5, 6, 4, 5, 6.5, 10]
cms = [inch * 2.54 for inch in inches if inch > 5]
print(cms)
```

☑ filter()関数とmap()関数を組み合わせる

なお、ステートメントが多少長くなりますが、filter()関数とmap()関数を組み合わせても同じ処理が行えます。

LIST 5-28 filter4.py 📁

```python
inches = [9, 5.5, 6, 4, 5, 6.5, 10]
cms = list(map(lambda inch:inch * 2.54, filter(lambda inch:inch > 5, inches)))
print(cms)
```

☑ リストのソート方法をカスタマイズする

P.197「リストの要素をソートする」では、リストの要素をソートする方法としてsort()メソッドとsorted()関数を紹介しました。じつは、どちらもキーワード引数keyを使用すると、比較を行うキーとして使用する値を戻す関数やメソッドを指定できます。どのようなルールでソートするかを関数やメソッドにより設定できるわけです。

たとえば、次のようなリストがあるとしましょう。

```
["fly", "good", "ABC", "Bad", "Woo", "Foo", "and"]
```

このリストを引数に、sorted()関数を実行してソートすると、大文字が優先されたアルファベット順にソートされます。

LIST 5-29 sort1.py 📁

```python
lst1 = ["fly", "good", "ABC", "Bad", "Woo", "Foo", "and"]
lst2 = sorted(lst1)
print(lst2)
```

次に実行結果を示します。

図 5-46 実行結果

```
% python3 sort1.py Enter
['ABC', 'Bad', 'Foo', 'Woo', 'and', 'fly', 'good']
```

これを大文字・小文字の区別なくソートするには、キーワード引数keyに、アルファベットの文字列を大文字にして戻すstrクラスのupper()メソッドを指定して「key=str.upper」とします。

LIST 5-30 sort2.py 📁

```python
lst1 = ["fly", "good", "ABC", "Bad", "Woo", "Foo", "and"]
lst2 = sorted(lst1, key=str.upper)     ●─①
print(lst2)
```

①で、sorted()関数のキーワード引数に「key=str.upper」を指定しています。これですべての要素が大文字に変換されてからソートが行われるようになり、結果として大文字・小文字の区別なくソートされます。

図 5-47 実行結果

```
% python3 sort2.py Enter
['ABC', 'and', 'Bad', 'fly', 'Foo', 'good', 'Woo']
```

✔ ソート用の関数を定義する

前述の例ではstrクラスのupper()メソッドを使用しました。比較のためのキーを戻す関数を自分で定義することもできます。関数は、引数をひとつ取り、ソートを行うためのキーとして使用する値を返すように定義します。

具体例を示しましょう。次のようなリストがあるとします。

```
names = ["田中一郎-1979", "山田花子-2000", "井上太郎-1964",
 "藤本和雄-1988", "大津徹-1959", "後藤信-1980"]
```

各要素は、名前のあとに、ハイフン「-」に続いて生まれた年が「2015」のような西暦4桁で接続されている文字列です。

図 5-48 リストnamesの要素の形式

"田中一郎-1979",
名前　誕生年

要素を、誕生年の順にソートしたいとしましょう。

それには、要素から年を整数値として取り出すget_year()を定義して、年の値をキーにしてソートを行います。

LIST 5-31 sort3.py

```
names = ["田中一郎-1979", "山田花子-2000", "井上太郎-1964",
 "藤本和雄-1988", "大津徹-1959", "後藤信-1980"]

def get_year(str):
    year = str[-4:]     ❷  ❶
    return int(year)    ❸

names.sort(key=get_year)    ❹
print(names)
```

❶で、get_year()関数を定義しています。関数の内部では、❷でスライスを使用して、最後の4文字の西暦部分を取り出し、❸でint()により整数に変換してreturn文で戻しています。

❹ではsort()メソッドの引数に「key=get_year」を指定することで、get_year()関数で取り出した年の値で比較されてソートされます。

図 5-49 実行結果

```
% python3 sort3.py Enter
['大津徹-1959', '井上太郎-1964', '田中一郎-1979', '後藤信-1980',
'藤本和雄-1988', '山田花子-2000']
```

降順にソートする

降順にソートするには引数に「reverse=True」を追加します。

```
names.sort(key=get_year, reverse=True)
```

✔ ソートのkeyに無名関数を指定する

sort()メソッドのキーワード引数keyには、def文で定義した関数だけでなく、lambda式による無名関数を指定することもできます。たとえば、sort3.pyのget_year()メソッドのブロックは次のように1行で記述できます。

LIST 5-32 sort3.pyのget_year()メソッド

```
def get_year(str):
    return int(str[-4:])
```

したがって、次のようにlambda式による無名関数で定義することもできます。

LIST 5-33 lambda式による無名関数で定義

```
get_year = lambda str:int(str[-4:])
```

以上のことを踏まえて、sort3.pyを、sort()メソッドのkeyに無名関数を指定してソートするように変更した例を示します。

LIST 5-34 sort4.py 📁

```
names = ["田中一郎:1979", "山田花子:2000", "井上太郎:1964",
 "藤本和雄:1988", "大津徹:1959", "後藤信:1980"]

names.sort(key=lambda str:int(str[-4:]))
print(names)
```

☑ 辞書の要素をソートする

次に辞書の要素をキー、もしくは値でソートして表示する例を示しましょう。なお、辞書自体は並び順を変更できないので、辞書データそのものをソートすることはできません。

☑ 辞書の要素を並べ替える

次の辞書namesは、名前と年齢のペアを要素とします。ここではソートの結果をわかりやすいようにするために名前をアルファベット（半角）で記述しています。

```
names = {"Taro": 55, "Makoto": 49, "Akio": 30, "Kazuo": 32,
"Chie": 22, "Ken": 48}
```

これをキーである名前をアルファベット順にソートして表示する例を示しましょう。

まず、items()メソッド（P.208）を使用すると、辞書の各要素がタプル（正確にはビューオブジェクト）として戻されます。

図 5-50 items()メソッドで辞書の要素をタプルとして戻す

```
>>> names = {"Taro": 55, "Makoto": 49, "Akio": 30, "Kazuo": 32,
"Chie": 22, "Ken": 48} Enter
>>> names.items() Enter
dict_items([('Taro', 55), ('Makoto', 49), ('Akio', 30),
('Kazuo', 32), ('Chie', 22), ('Ken', 48)])
```

したがって、辞書のキーでソートするにはタプルの最初の要素を戻す関数を、値でソートするにはタプルの2番目の要素を戻す関数を、sorted()関数のキーワード引数keyにすればよいわけです。

次に、辞書のキーで表示する例を示します。

LIST 5-35 sort5.py 📁

```
names = {"Taro": 55, "Makoto": 49, "Akio": 30, "Kazuo": 32,
 "Chie": 22, "Ken": 48}

for name in sorted(names.items(), key=lambda n: n[0]):  ●━━━❶
    print(name[0], name[1])
```

❶のsorted()関数のキーワード引数keyをlambda式により次のように指定しています。

```
key=lambda n: n[0]
```

引数nには「(キー, 値)」のタプルが格納されるため、n[0]はその最初の要素となります。つまり、これで、辞書のキーである名前の順にソートされます。

図 5-51
実行結果

```
% python3 sort5.py Enter
Akio 30
Chie 22
Kazuo 32
Ken 48
Makoto 49
Taro 55
```

実際には、items()メソッドの結果をそのままsorted()関数に渡すとタプルの最初の要素でソートされます。sort5.pyは次のようにしても同じです。

LIST 5-36 sort6.py 📁

```
names = {"Taro": 55, "Makoto": 49, "Akio": 30, "Kazuo": 32,
 "Chie": 22, "Ken": 48}

for name in sorted(names.items()):
    print(name[0], name[1])
```

あるいは、sorted()関数に辞書データのキーのリスト（keys()メソッドの戻り値）を渡してキーを並べ替えておいて、それを利用して辞書を表示しても同じです。

LIST 5-37 sort7.py 📁

```
names = {"Taro": 55, "Makoto": 49, "Akio": 30, "Kazuo": 32,
 "Chie": 22, "Ken": 48}

for name in sorted(names.keys()):
    print(name, names[name])
```

✔ 辞書の要素を値の順に並べ替える

続いて辞書namesを、値である年齢の順にソートしてみましょう。

```
names = {"Taro": 55, "Makoto": 49, "Akio": 30, "Kazuo": 32,
 "Chie": 22, "Ken": 48}
```

辞書の値の順に表示するには、sort5.pyを変更し、タプルの2番目の要素をキーとしてソートします。

262

LIST 5-38 sort8.py 📁

```python
names = {"Taro": 55, "Makoto": 49, "Akio": 30, "Kazuo": 32,
 "Chie": 22, "Ken": 48}

for name in sorted(names.items(), key=lambda n: n[1]):    ──①
    print(name[0], name[1])
```

sort5.pyとの相違は、①のlambda式の処理部分が「n[0]」から「n[1]」になっている点です。次に実行結果を示します。

図 5-52

実行結果

```
% python3 sort8.py Enter
Chie 22
Akio 30
Kazuo 32
Ken 48
Makoto 49
Taro 55
```

✔ アンケート結果をソートする

さて、P.209「アンケートを集計するプログラムを作成する」で説明したcountries1.pyを思い出してみましょう。このプログラムはリストanswerから、国名をキーに、投票数を値にした辞書resultsを作成して、その一覧を表示するというものでした。

LIST 5-39 countries1.py（P.210）📁

```python
answer = ["イギリス", "イギリス", "スペイン", "ドイツ", "フランス", "イギリス",
"フランス", "フランス","イギリス", "フランス", "フランス", "イギリス", "フランス",
"フランス", "スペイン", "イタリア","イタリア", "スペイン", "イタリア", "スペイン",
"イタリア", "イタリア", "スペイン", "イタリア", "イタリア", "イギリス", "スペイン",
"ドイツ", "フランス", "フランス", "イタリア", "イタリア", "スペイン", "スペイン",
"イタリア", "イタリア", "ドイツ","イタリア", "イタリア", "イタリア"]

# 空の辞書を用意
results = { }

# 辞書resultsに国と得票数を格納する
for country in answer:
    if country in results:
        results[country] += 1
    else:
        results[country] = 1
```

次ページへ続く

```
# 結果を表示する
for country, num in results.items():
    print(f"{country}: {num}")
```

①

実行すると次のようになります。

図 5-53 実行結果

```
% python3 countries1.py [Enter]
イギリス: 6
スペイン: 8
ドイツ: 3
フランス: 9
イタリア: 14
```

これを、得票数の多い順に表示するようにしてみましょう。それには前ページの❶のfor文を次のように変更します。

LIST 5-40 countries2.py（一部）

```
# 結果をソートして表示する
for country in sorted(results.items(), key=lambda c:c[1], reverse=True):
    print(f"{country[0]}: {country[1]}")
```

これまでの説明を理解していれば難しくないでしょう。sorted()関数の最初の引数にresults.items()を指定してキーと値のタプルを取得し、キーワード引数keyに「lambda c:c[1]」を指定して値でソートするようにしています。

また、「reverse=True」を指定し、逆順（大きい順）に表示するようにしています。

図 5-54 実行結果

```
% python3 countries2.py [Enter]
イタリア: 14
フランス: 9
スペイン: 8
イギリス: 6
ドイツ: 3
```

✔ ジェネレータ関数を作成する

リストなどの要素の、次の値を順に返す仕組みであるイテレータについては、これまで何度も取り上げてきました。イテレート可能なオブジェクトとforループなどと組み合わせて要素を順に処理するといった目的で多用されます。

Pythonでは、クラスを使用してオリジナルのイテレート可能なオブジェクトを定義できます。ただしクラスを作成するほど大がかりなものではなく、シンプルなイテレータは「ジェネレータ関数」と呼ばれる特殊な関数で定義できます。

✔ ジェネレータ関数を定義する

ジェネレータ関数は、通常の関数で値を戻すreturn文の代わりにyield文を使用します。yield文は、return文と同じく値を返すのに使用しますが、関数は終了せず、一時停止状態となります。next()関数が呼ばれると実行を再開します。

この説明だけではわかりにくいかもしれませんが、実際に例を見ると理解できるでしょう。

次に、引数として渡された文字列から、先頭から順に1文字ずつ大文字にして戻すmy_gen1()ジェネレータ関数の例を示します。

LIST 5-41 gen1.py（一部）📁

```python
def my_gen1(str):
    for c in str.upper():          ●━━━❶
        yield c        ●━━━❷

gen = my_gen1("HeLlo");       ●━━━❸
print(next(gen))      ●━━━❹
print(next(gen))
print(next(gen))
print(next(gen))
print(next(gen))
print(next(gen))
```

❶でforループにより変数strの文字列から1文字ずつ取り出し、❷のyield文で戻しています。

❸のようにmy_gen1()関数を呼び出すと、ジェネレータオブジェクトが生成され、変数genに格納されます。次に、❹以降でnext()関数が呼び出されると、関数内のyield文により文字列が1文字ずつ戻されます。

この例では、大文字と小文字を混在させた引数の「"HeLlo"」は5文字なので、6回目のnext()関数の呼び出しでは、もう戻す文字がありません。その場合StopIteration例外が送出されます。

実際に実行してみましょう。

図 5-55

実行結果

```
% python3 gen1.py Enter
H
E
L
L
O
Traceback (most recent call last):
  File "gen1.py", line 11, in <module>
    print(ncxt(gen))
StopIteration
```

✔ ジェネレータ関数をfor文で使用する

なお、ジェネレータオブジェクトはイテレート可能なのでfor文で使用できます。

LIST 5-42 gen2.py 📁

```
def my_gen1(str):
    for c in str.upper():
        yield c

gen = my_gen1("HeLlo");    ●——●①
for c in gen:              ●——●②
    print(c)
```

①でgen1.pyと同様にジェネレータオブジェクトを生成し、②でfor文によりイテレートしています。この場合、最後の文字まで表示されたらfor文を抜けるためエラーにはなりません。

図 5-56

実行結果

```
% python3 gen2.py Enter
H
E
L
L
O
```

✔ 重複のない乱数を戻すジェネレータ関数

次に少し高度なジェネレータ関数の例として、重複のない整数の乱数を生成するrandom_gen()ジェネレータ関数の作成例を示します。この関数は、指定された引数未満で0以上のランダムな整数を戻すジェネレータオブジェクトを生成します。ただしnext()関数が戻す乱数には重複した数値がないものとし、生成できる乱数の個数は最大で引数の個数までです。たとえば、引数に10を指

定してrandom_gen()関数を呼び出すと、0～9の間の重複のない乱数を生成します。

LIST 5-43 rand_gen1.py 📁

```
import random

def random_gen(num):
    # 生成済みの乱数を格納するリスト
    randoms = []          ●①

    while True:          ●②
        rand_num = random.randrange(num)    ●③
        # 乱数に重複がない場合
        if rand_num not in randoms:        ●④
            randoms.append(rand_num)       ●⑤
            yield rand_num     ●⑥
        # すべての乱数を生成した
        elif len(randoms) == num:      ●⑦
            break                                    ●⑨

rand = random_gen(10)
print(next(rand))
print(next(rand))
print(next(rand))      ●⑧
print(next(rand))
print(next(rand))
```

　⑨がrandom_gen()ジェネレータ関数の定義です。①で生成済みの乱数を保存しておく空のリストrandomsを用意しています。②のwhile文は条件式に「True」を設定し、無限ループになりますが、⑦で引数未満のすべての乱数を生成したかどうかを調べて、そうであればループを抜けるようにしています。

　③で乱数を生成し、変数rand_numに格納しています。④でそれがリストrandomsに存在しない乱数であれば、⑤でリストrandomsに追加し、⑥のyield文で戻しています。

　⑧以降がrandom_gen()関数をテストしている部分です。引数10でrandom_gen()関数を呼び出して、それ以降ではnext()関数で乱数を取得して表示しています。

　実行してみて重複のない乱数が表示されることを確認してみましょう。

図 5-57 実行結果

```
% python3 rand_gen1.py [Enter]
3
1
2
7
0
```

次にrandom_gen()ジェネレータ関数をfor文で使用して、100未満の重複のない乱数を生成する例を示します。

LIST 5-44 rand_gen2.py（一部）📁

```
～略～
rg = random_gen(100)  ————————❶
for r in rg:        ⎫———❷
    print(r)        ⎭
```

❶で100を引数にrandom_gen()関数を呼び出して、生成されるジェネレータオブジェクトを変数rgに格納し、❷のfor文でイテレートしています。

この場合、引数未満のすべての整数の乱数を表示するまでループが続きます。この例では引数に100を指定しているため0～99までの100個の乱数が表示されます。

図 5-58 実行結果。100個の「0～99」の整数値の乱数が生成される（重複がない点に注目）

```
% python3 rand_gen2.py Enter
77
1
91
96
62
17
67
51
79

～略～

26
9
59
37
86
71
90
11
64
75
54
15
5
12
31
```

☑ ジェネレータ式

なお、gen1.pyのようなシンプルな処理はdef文で関数を定義せずに、「ジェネレータ式」と呼ばれる構文でジェネレータを定義できます。次に書式を示します。

図 5-59 ジェネレータ式

（式 for 変数 in イテレート可能なオブジェクト）

リストの内包表記と似ていますが、「[ ]」の代わりに「( )」を使用している点に注意してください。次に、gen2.pyをジェネレータ式で書き直した例を示します。

LIST 5-45 gen3.py

```python
str = "HeLlo"
gen = (c for c in str.upper())        ←①
for c in gen:
    print(c)
```

①の右辺がジェネレータ式です。

```
(c for c in str.upper())
```

これでstr.upper()で文字列を大文字に変換し、1文字ずつ取り出されるようになります。実行結果はgen2.pyと同じです。

図 5-60 実行結果

```
% python3 gen3.py Enter
H
E
L
L
O
```

☑ ジェネレータ式 VS リストの内包表記

なお、gen3.pyのジェネレータ式を、リストの内包表記で置き換えることもできます。

LIST 5-46 gen4.py

```
str = "HeLlo"
gen = [c for c in str.upper()]
for c in gen:
    print(c)
```

どちらも結果は同じです。大きな相違はメモリの消費量です。内包表記の場合にはリストの要素をすべて生成してから処理を行います。それに対してジェネレータの場合には、要素が要求された時点（for文であればループのたび）に値を返します。そのため、膨大な数のデータを処理するといった場合にはジェネレータのほうが有利になります。

ジェネレータ式をタプルに変換する

ジェネレータ式は全体を「( )」で囲むことから、一見、タプルの内包表記のように勘違いしがちですが、Pythonにはタプルの内包表記はありません。ただし、tuple()コンストラクタの引数に渡すことによりタプルに変換できます。次にgen3.pyの、文字列を大文字にして1文字ずつ戻すジェネレータ式の結果をタプルに変換する例を示します。

図 5-61 ジェネレータ式の結果をタプルに変換

```
>>> str = "gooD" Enter
>>> tuple(c for c in str.upper()) Enter
('G', 'O', 'O', 'D')
```

CHAPTER 5 » まとめ

✓ 関数はdef文で定義します

✓ 関数が戻す値はreturn文で指定します

✓ プログラム全体で有効な変数を「グローバル変数」、
　関数内でのみ有効な変数を「ローカル変数」といいます

✓ キーワード引数を使用すると、
　引数を「引数名=値」の形式で指定することができます

✓ 引数にデフォルト値を設定することができます

✓ 仮引数名の前にアスタリスク「*」を記述すると、
　任意の数の引数を受け取れます

✓ 可変長引数はタプルとして渡されます

✓ 仮引数名の前に「**」を記述すると、
　キーワード指定された引数を、辞書として受け取れます

✓ lambda式では名前のない関数を定義できます

✓ sort()メソッドやsorted()関数では、
　ソート用の関数を引数にすることでソートの方法を変更できます

✓ Pythonでは関数もファーストクラス・オブジェクトです。
　変数に代入したり別の関数の引数にしたりできます

✓ sort()メソッドやsorted()関数の引数keyにより、
　ソートの方法をカスタマイズできます

✓ ジェネレータ関数やジェネレータ式を使用すると、
　イテレート可能なオブジェクトを簡単に定義できます

A 次のプログラムでは、半径を引数に取り円の面積を戻すmenseki()関数を定義して、それを呼び出しています。
空欄を埋めてプログラムを完成させてください。

```python
import   1
def menseki(  2  ):
    return hankei * hankei *   3

hankei = 10
print(f"半径: {hankei}-> 面積: {menseki(hankei):.3f}")
```

B 問**A**のmenseki()関数を無名関数で定義して、
それを変数mensekiに代入する文を記述してください。

C 次のような、生徒名をキーに、テストの点数を値とする辞書があります。

```python
students = {"山田五朗":80, "江藤肇":92, "後藤信": 44,
            "芹沢花子": 82, "伊橋和雄":98, "太田敬一":62,
            "桜井裕": 56, "井川一郎":44,"桜田一":75,
            "堀切一郎": 59}
```

空欄を埋めて、辞書の要素をテストの点数の高い順に並べ替えて表示する
プログラムを完成させてください。

```python
students = {"山田五朗":80, "江藤肇":92, "後藤信": 44,
            "芹沢花子": 82, "伊橋和雄":98, "太田敬一":62,
            "桜井裕": 56, "井川一郎":44,"桜田一":75,
            "堀切一郎": 59}

for student in   1  (students.items(), key=lambda   2  ,   3  :
    print(student[0],   4  )
```

D 次のプログラムでは、リストの要素（文字列）を大文字にして、
最初の要素から順に戻すジェネレータ関数を定義し、それを呼び出しています。
空欄を埋めてプログラムを完成させてください。

```
def gen_list(lst):
    for s in [ 1 ]:
        [ 2 ]

lst = ["python", "c", "java", "basic", "swift"]
gen =[ 3 ]
for s in gen:
    print(s)
```

CHAPTER

6 » テキストファイルの 読み書きを理解しよう

このChapterのテーマはテキストファイルの読み書きです。
テキストファイルから行を1行ずつ、
あるいはまとめて読み込む方法について説明します。
その後で、ファイルに文字列を書き出す方法について説明します。
なお、Pythonではバイナリファイルも扱えますが、
ここではテキストファイルの操作に絞って解説します。
最後に、JSONファイルの読み込みについても説明します。

CHAPTER 6 - 01 | テキストファイルを読み込む

CHAPTER 6 - 02 | テキストファイルに文字列を書き込む

CHAPTER 6 - 03 | JSONファイルの読み込み

これから学ぶこと

✓ ファイルをオープンする方法について学びます

✓ ファイルから文字列を読み込む方法について学びます

✓ ファイルに文字列を書き込む方法について学びます

✓ with文を使用したよりスマートな
ファイルの読み書きについて学びます

✓ ファイルが存在しているかを調べる方法について学びます

✓ ファイルの文字エンコーディングを変更する方法について
学びます

✓ JSONフォーマットのテキストファイルを読み込む方法につ
いて学びます

イラスト 6-1 テキストの読み込みと書き出し

文字列をテキストファイルから読み込むにはどうしたらよいでしょう？ またプログラム
の実行結果をファイルに書き出すにはどうしたらよいでしょう？ それらの処理を行う方
法について学んでいきましょう。

01 テキストファイルを読み込む

プログラム内で利用するデータは、プログラムにリテラルとして記述したり、コマンドライン引数として読み込んだりするほかに、既存のファイルから読み込むこともできます。この節では、プログラム内でテキストファイルをオープンしてデータを読み込む方法について説明しましょう。使用後にファイルの閉じ忘れを防ぐwith文についても紹介します。

✓ テキストファイルを読み込むための基礎知識

次に、Pythonのプログラムでテキストファイルを読み込むための基本的な手順を示します。

（1）open()関数を使用してファイルを読み込みモードで開く
（2）read()メソッドやreadline()メソッドなどを使用してファイルからデータを読み込む
（3）close()メソッドを使用してファイルを閉じる

✓ ファイルを開くopen()関数

ファイルの読み書きを行うには、open()組み込み関数を使用してあらかじめファイルを開いておく必要があります。

図 6-1 open()関数

open（ファイル， モード， エンコーディング）
引数で指定したファイルを開きファイルをオブジェクトとして戻す

2番目の引数にはファイルを開くモードを、文字列で指定します。たとえば読み込みの場合には「"r"」（readの頭文字）を指定します。また、文字エンコーディングはキーワード引数「encoding」により「encoding="utf_8"」のように指定します。

ファイルが開かれると、ファイルの読み書きを管理するファイルオブジェクトが戻されます。たとえば、文字エンコーディングがutf8で保存されている「sample.txt」を読み込みモードで開くには次のようにします。

LIST 6-1 文字エンコーディングutf8の「sample.txt」を読み込みモードで開く

```
f = open("sample.txt", "r", encoding="utf_8")
```

なお、open()関数のデフォルトでは、encodingは「"utf_8"」、モードは「"r"」なので次のように ファイルのみを指定してもかまいません。

LIST 6-2 文字エンコーディング（utf_8）、読み込みモードはデフォルトなので省略可

```
f = open("sample.txt")
```

✔ テキストファイルの読み込み用のメソッド

いったんファイルが開かれると、ファイルオブジェクトのメソッドを使用してファイルを操作で きます。たとえば、テキストファイルの読み込みには、次の3つのメソッドを使用します。

表6-1 テキストファイルの読み込み用のメソッド

メソッド	説明
read()	ファイル全体をまとめて文字列として読み込む
readlines()	ファイルの各行をリストの要素として読み込む
readline()	ファイルを1行ずつ文字列として読み込む

✔ ファイルを閉じるclose()メソッド

ファイルを使い終わったら、close()メソッドでファイルを閉じます。

図 6-2 close()メソッド

close()

ファイルを閉じる

✔ | テキストファイルを一度に読み込むread()メソッド

以上のことを踏まえて、実際にテキストファイルの内容を読み込む例を示していきましょう。ま ず、read()メソッドでテキストファイルの中身をまとめて読み込む方法について説明します。

図 6-3 read()メソッド

read([サイズ])

ファイルから指定サイズ（文字数）のデータを読み込み、文字列として返す。
サイズを指定しない場合はすべてのデータを読み込む

次に、現在のディレクトリの下の「sample.txt」を読み込んでそのまま表示する例を示します。

LIST 6-3 fileread1.py 📁

```python
f = open("sample.txt", "r", encoding="utf_8")    ——❶
lines = f.read()    ——❷
print(lines)    ——❸
f.close()    ——❹
```

❶でopen()関数により読み込みモード「r」にして、文字エンコーディング「utf_8」のファイル「sample.txt」をオープンしています。❷のread()メソッドでその内容を読み込んで変数linesに格納し、❸のprint()関数で表示しています。最後に❹のclose()メソッドでファイルを閉じています。

次に、実行結果を示します。

図 6-4
実行結果

```
% python3 fileread1.py [Enter]
Chap1  Pythonの概要と動作環境の設定
・Pythonとはどんな言語
・開発環境のセットアップ
  〜略〜
```

✓ read()メソッドで読み込む文字数を指定する

read()メソッドの引数で読み込む文字数を指定できます。read()メソッドを続けて実行すると、前に読み込んだ次の位置から読み込みが行われます。次の例を見てみましょう。

LIST 6-4 fileread2.py 📁

```python
f = open("sample.txt", "r", encoding="utf_8")
lines = f.read(2)  ⎫
print(lines)       ⎬——❶
lines = f.read(2)  ⎫
print(lines)       ⎬——❷
f.close()
```

❶❷でsample.txtから2文字ずつ読み込んで、print()関数で表示しています。

図 6-5
実行結果

```
% python3 fileread2.py [Enter]
Ch    ●——— ❶の結果(最初の2文字)
ap    ●——— ❷の結果(次の2文字)
```

278

☑ | ファイルの各行をリストに分割するreadlines()メソッド

readlines()メソッドを使用するとファイル全体を一度に読み込んで、各行を要素とするリストとして戻すことができます。

図 6-6 readlines()メソッド

readlines([サイズ])

ファイルからすべての行を読み込みリストとして戻す。
サイズを指定しないとファイル全体が読み込まれる

各行の終わりには改行コードが付加されます。デフォルトではOSに応じた改行コードの相違を吸収する「ユニバーサル改行モード」（P.293「ユニバーサル改行モードとは」参照）が有効になっているため、元のファイルの改行コードに依存せず、読み込み後の改行コードはLF（ラインフィード）と呼ばれる「"\n"」が使用されます。

図 6-7　各行の終わりには改行コードが付加される

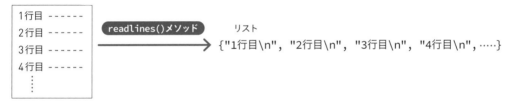

次に、テキストファイル「sample.txt」の各行を行番号付きで表示する例を示します。

LIST 6-5　linenum1.py 📁

```
f = open("sample.txt", "r", encoding="utf_8")    ●──❶
lines = f.readlines()    ●──❷

for i, line in enumerate(lines):                          ●──❸
    print("{:4d}: {}".format(i + 1, line.rstrip("\n")))    ●──❹

f.close()
```

❶でファイルをオープンし、❷でreadlines()メソッドを実行し、ファイルの内容をリストlinesに格納しています。❸のfor文ではenumerate()関数（P.156）を使用して、linesから要素とインデックスを順に取り出し、それぞれ変数iとlineに格納し、❹のprint()関数で表示しています。

なお、各要素には改行コード「"\n"」が付加されているのでrstrip()メソッドで取り除いています。rstrip()は引数で指定した文字列を、操作対象の文字列の最後から取り除くメソッドです。

図 6-8 実行結果

```
% python3 linenum1.py Enter
   1: Chap1 Pythonの概要と動作環境の設定
   2: ・Pythonとはどんな言語
   3: ・開発環境のセットアップ
   4:
   5: Chap2 とりあえずPythonを動かしてみよう
 〜略〜
```

注意点として❹のformat()メソッドによる文字列の埋め込みを次のようにf文字列にすることはできません。

```
print("{:4d}: {}".format(i + 1, line.rstrip("\n")))
```
↓
✕ `print(f"{i + 1:4d}: {line.rstrip('\n')}")` ── これはNG

というのは、f文字列の内部にはバックスラッシュ「\」を含むことができないという制約があるからです。

f文字列を使用したい場合には、次のようにいったん別の変数に代入しておけばOKです。

```
line2 = line.rstrip("\n")
print(f"{i + 1:4d}: {line2}")
```

改行しない「end=""」

❷のprint()関数は、引数「end=""」を追加して改行を行わないようにすればrstrip()メソッドは不要です。

```
print("{:4d}: {}".format(i + 1, line.rstrip("\n")))
```
↓
```
print("{:4d}: {}".format(i + 1, line), end="")
```

この場合は、format()関数の代わりにf文字列を使用できます。

```
print("{:4d}: {}".format(i + 1, line), end="")
```
↓
```
print(f"{i + 1:4d}: {line}", end="")
```

☑ 格言をランダムに表示するプログラムを作成する

readlines()メソッドの使用例として、次のようなテキストファイル「kakugen.txt」の各行に記述されたランダムな格言を取り出し、表示する例を示しましょう。

LIST 6-6 kakugen.txt（一部）

```
猫に小判
仏の顔も三度まで
秋茄子は嫁に食わすな
医者の不養生
海老で鯛を釣る
押してもだめなら引いてみな
```

LIST 6-7 kakugen1.py 📁

```
import random          ①

f = open("kakugen.txt", "r", encoding="utf_8")   ②
lines = f.readlines()    ③

kakugen = lines[random.randrange(len(lines))]    ④
print(kakugen.rstrip("\n"))     ⑤
```

①で乱数を生成するためにrandomモジュールをインポートしています。②でkakugen.txtをオープンし、③のreadlines()メソッドで変数linesにリストとして読み込んでいます。

リストの要素数であるファイルの行数はlen(lines)でわかります。

④ではrandom.randrange(len(lines))でリストlinesの要素数未満の整数の乱数を生成し、それをリストlinesのインデックスとして、格言をランダムに取り出し、変数kakugenに格納しています。⑤でそれを表示しています。

以上で、実行するたびにランダムに格言が表示されます。

図 6-9 実行結果

```
% python3 kakugen1.py [Enter]
風吹かば桶屋が儲かる
% python3 kakugen1.py [Enter]
糠に釘
```

✔️ テキストファイルから1行ずつ読み込むreadline()メソッド

read()メソッドやreadlines()メソッドではファイルを一度にまとめて読み込むため、ファイルのサイズが大きいとその分メモリを消費してしまいます。kakugen1.pyの場合にはファイルをすべて読み込まないと、行をランダムに選ぶことができませんが、行を先頭から読み込んで個別に処理していくようなプログラムでは1行ずつ読み込んだほうが効率的でしょう。

テキストファイルの内容を1行ずつ読み込むにはreadline()メソッドを使用します。

図 6-10 readline()メソッド

readline()
ファイルから1行ずつ読み込み文字列として戻す

readline()メソッドは、ファイルの終わりまで読み込むと、空文字列「""」を戻します。

次ページに前項で紹介した、ファイルの各行を行番号付きで表示するlinenum1.pyを、readline()メソッドを使用するように変更した例を示します。

LIST 6-8 linenum2.py 📁

```python
f = open("sample.txt", "r", encoding="utf_8")

i = 0
while True:
    line = f.readline()          ❷
    if line == "":               ❸
        break
    print("{:4d}: {}".format(i + 1, line.rstrip("\n")))   ❹
    i += 1                                                   ❶

f.close()
```

❶でwhile文による無限ループを使用しています。❷でreadline()メソッドにより1行ずつ読み込み、❸のif文で空行かどうかを判断し、そうであればbreak文でループを抜けています。❹で読み込んだ行を表示しています。

実行結果はlinenum1.pyと同じですが、linenum1.pyはファイルを一度に読み込むのに対して、linenum2.pyは1行ずつ読み込んでいる点が異なります。大きなファイルを読み込む場合でもメモリ消費を抑えられるわけです。

図 6-11 実行結果

```
% python3 linenum2.py Enter
   1: Chap1 Pythonの概要と動作環境の設定
   2: ・Pythonとはどんな言語
   3: ・開発環境のセットアップ
  ～略～
```

✔ ファイルオブジェクトをイテレートする

じつは、オープンしたファイルオブジェクトは、次のようにfor文で直接イテレートして、ファイルを1行ずつ読み込むことが可能です。

図 6-12 ファイルを1行ずつ読み込む

```
for line in f:
        処理
```

このとき、enumerate()関数を使用すれば、行番号と行の両方を取り出すことが可能です。

次に、前述のlinenum2.pyを、for文によるイテレートに変更した例を示します。

LIST 6-9 linenum3.py 📂

```
f = open("sample.txt", "r", encoding="utf_8")

for i, line in enumerate(f):
    print("{:4d}: {}".format(i + 1, line.rstrip("\n")))

f.close()
```

✔ with文を使うとファイル処理がもっと便利に

最近のPythonでは、「with文」と呼ばれる構文を使用して、ファイル処理などをよりスマートに行えるようになっています。

図 6-13 with文

```
with open(ファイル名や読み込みモードなど) as ファイルオブジェクト:
        ファイルの操作
```

with文のブロックにファイルの読み込みなどの処理を記述すると、ブロックを抜けたときに自動的にclose()メソッドが呼び出されます。次に、linenum3.pyをwith文で書き換えた例を示します。

LIST 6-10 linenum4.py 📁

```python
with open("sample.txt", "r", encoding="utf_8") as f:
    for i, line in enumerate(f):
        print("{:4d}: {}".format(i + 1, line.rstrip("\n")))
```

　処理の内容はlinenum3.pyと同じですが、close()メソッドが不要なため、ファイルを閉じ忘れるというミスはありません。

☑️ アンケート結果をファイルから取得する

　with文の活用例を示しましょう。「アンケート結果をソートする」(P.263) のアンケートを集計するプログラムcountries2.py（P.264）を思い出してください。

LIST 6-11 countries2.py（P.264） 📁

```python
answer = ["イギリス", "イギリス", "スペイン", "ドイツ", "フランス", "イギリス",
"フランス", "フランス", "イギリス", "フランス", "フランス", "イギリス", "フランス",
"フランス", "スペイン", "イタリア","イタリア", "スペイン", "イタリア", "スペイン",
"イタリア", "イタリア", "スペイン", "イタリア", "イタリア", "イギリス", "スペイン",
"ドイツ", "フランス", "フランス", "イタリア", "イタリア", "スペイン", "スペイン",
"イタリア", "イタリア", "ドイツ","イタリア", "イタリア", "イタリア"]

# 空の辞書を用意
results = { }

# 辞書resultsに国と得票数を格納する
for country in answer:
    if country in results:
        results[country] += 1
    else:
        results[country] = 1

# 結果をソートして表示する
for country in sorted(results.items(), key=lambda c:c[1], reverse=True):
    print(f"{country[0]}: {country[1]}")
```

　countries2.pyでは、ファイル内のリストanswerの国を集計していました。ここでは次のようなテキストファイル「answer.txt」の各行にひとつずつ国名が入っているものとして、これをもとに、集計するように変更してみましょう。

LIST 6-12 answer.txt

```
イギリス
ドイツ
イギリス
イタリア
イタリア
イギリス
フランス
ドイツ
イギリス
イタリア
　～略～
```

次にこのアンケートを集計するプログラムを示します。

LIST 6-13 countries3.py 📂

```python
# 空の辞書を用意
results = { }

with open("answer.txt", "r", encoding="utf_8") as f:
    for line in f:
        country = line.rstrip("\n")      ●3
        if country in results:
            results[country] += 1        ●4    ●2    ●1
        else:
            results[country] = 1

# 結果をソートして表示する
for country in sorted(results.items(), key=lambda c:c[1], reverse=True):
    print(f"{country[0]}: {country[1]}")
```

　変更したのは❶のwith文です。❷のfor文でファイルの内容を1行ずつ読み込んで変数lineに格納しています。最後に改行コードが付加されているため、❸のrstrip()メソッドでそれを取り除いて変数countryに格納しています。❹のif文の処理は同じです。

図 6-14 実行結果

```
% python3 countries3.py Enter
イタリア: 13
イギリス: 10
ドイツ: 8
スペイン: 7
フランス: 4
```

CHAPTER 6

02

テキストファイルに文字列を書き込む

前節の説明でテキストファイルの読み込みが理解できたと思います。この節では、逆に文字列をテキストファイルに書き込む方法について説明しましょう。

✓ | テキストファイルに書き込むための基礎知識

次に、ファイルにデータを書き込むための基本的な手順を示します。

（1） open()関数を使用してファイルを書き込みモードで開く
（2） write()メソッドやwritelines()メソッドを使用してファイルにデータを書き込む
（3） close()メソッドを使用してファイルを閉じる

✓ write()メソッドとwritelines()メソッド

ファイルの書き込みには、write()メソッドあるいはwritelines()メソッドを使用します。

図 6-15 write()メソッド、writelines()メソッド

write(**文字列**)	writelines(**リスト**)
引数で指定した文字列をファイルに書き込む	引数で指定したリストの要素をテキストファイルに書き込む

✓ with文を使う

読み込みと同様にwith文を使用すると、close()メソッドの実行を省略できます。

図 6-16 with文

```
with open(ファイル名や書き込みモードなど) as ファイルオブジェクト:
    ファイルに書き出す処理
```

☑ テキストファイルに1行ずつ書き出すwrite()メソッド

まずは、with文とwrite()メソッドを使用して、ファイルに書き込む例を示します。文字列以外は書き出せないため、たとえば数値を書き出す場合には、あらかじめ文字列に変換しておく必要があります。

次に、テキストファイル「out.txt」に書き込む例を示します。

LIST 6-14 filewrite1.py 📁

```
with open("out.txt", "w", encoding="utf_8") as f:    ●——①
    f.write("こんにちは")
    f.write("Pythonの世界へようこそ\n")    ●——②
    f.write(str(2021))    ●——③
    f.write("年\n")    ●——④
```

with文のopen()関数により、モードを書き込みモード「"w"」(writeの頭文字)にして、ファイル「out.txt」を開いています。

with文のブロックではwrite()メソッドで文字列を書き出しています。注意点として、write()メソッドは自動的に改行を書き出しません。そのため、改行を書き出したい位置に改行コードをエスケープシーケンスで指定します。②④では文字列の最後にLF("\n")を改行コードとして追加しています。また、③のように数値はstr()で文字列に変換してから書き出しています。

図 6-17 実行結果

```
% python3 filewrite1.py Enter
```

作成されたout.txtを開いて、正しく書き込まれたことを確認してみましょう。

LIST 6-15 out.txt

```
こんにちはPythonの世界へようこそ
2021年
```

☑ 改行コードの違いを吸収するユニバーサル改行モード

デフォルトではユニバーサル改行モード(P.293「ユニバーサル改行モードとは」参照)に設定されているため、LF("\n")を書き出すと、OSに応じた改行コードに変換されます。たとえば、Windowsの場合にはCRLF("\r\n")に変換されて書き出されます。なお、OS標準の改行コードはosモジュールの変数linesepに格納されています。

次にmacOSとWindowsでの変数linesepの値を表示する例を示します。

図 **6-18** macOSの変数linesepの値を表示

```
>>> import os [Enter]
>>> os.linesep [Enter]
'\n'
```

図 **6-19** Windowsの変数linesepの値を表示

```
>>> import os [Enter]
>>> os.linesep [Enter]
'¥r¥n'
```

✔ ファイルの最後に追加する

open()関数のモードが"w"ではオープン時にファイルが存在していれば上書きされます。open()関数のモードを「"a"」(appendの頭文字)にしてファイルを開き文字列を書き出すと、ファイルが存在しなければファイルを作成し、ファイルが存在すれば文字列が追加されます。

次に、write()メソッドでout.txtにテキストを追加する例を示します。

LIST 6-16 append1.py 📁

```
with open("out.txt", "a", encoding="utf_8") as f:
    f.write("さようなら\n")
```

図 **6-20** 実行結果

```
% python3 append1.py [Enter]
```

out.txtを開いて行が追加されたことを確認しましょう。

LIST 6-17 out.txt

```
こんにちはPythonの世界へようこそ
2016年
さようなら ●――――――[追加された行]
```

✔ リストの要素をまとめて書き出すwritelines()メソッド

リストやタプルなどのシーケンスの要素を一度に書き出すには、writelines()メソッドを使用します。ただし、改行コードは自動で付加されないので、要素ごとに改行したければ、要素の最後に改行コードを付加しておく必要があります。また、各要素は文字列である必要があります。

次に、曜日+改行コード「"\n"」が格納されたリストweekdaysをdays.txtに書き出す例を示します。

filewrite2.py 📁

```
weekdays = ["月曜日\n", "火曜日\n", "水曜日\n", "木曜日\n",
            "金曜日\n", "土曜日\n", "日曜日\n"]

with open("days.txt", "w", encoding="utf_8") as f:
    f.writelines(weekdays)
```

図 6-21 実行結果

```
% python3 filewrite2.py Enter
```

書き出されたファイル「days.txt」は次のようになります。

```
月曜日
火曜日
水曜日
木曜日
金曜日
土曜日
日曜日
```

✓ | ファイルが存在しているかどうかを調べる

　ファイルに書き込みを行う場合に、ファイルが存在しているかどうかを調べて、もし存在していれば上書きするかどうかをユーザーに確認させたい場合があります。それには、標準ライブラリのosモジュールに用意されているpath.exists()メソッドを使用します。

図 6-22 exists()メソッド

os.path.exists(パス)

引数で指定したパスのファイルが存在していればTrueを、そうでなければFalseを戻す

　次に、コマンドライン引数で指定したファイルに「大吉」「中吉」「凶」のいずれかのおみくじを書き出す例を示します。ファイルが存在していれば、上書きするかを確認するようにしています。

```python
import os, sys, random

# 引数がひとつであることを確認
if len(sys.argv) != 2:
    print("ファイル名をひとつ指定してください")  ──①
    sys.exit()  ──②

# パスが存在するかを確認
path = sys.argv[1]
if os.path.exists(path):                          ──③
    if input("上書きしますか？(y/n):") != "y":   ──④
        sys.exit()

kujis = ["大吉", "中吉", "凶"]
with open(path, "w", encoding="utf_8") as f:      ──⑤
    f.write(kujis[random.randrange(len(kujis))] + "\n")
```

①のif文ではコマンドライン引数（P.198参照）がひとつであることを確認しています。そうでなければ②のsys.exit()関数でプログラムを終了しています。

③のif文ではpath.exists()関数によりファイルが存在しているかどうかを調べ、存在していれば④でユーザーに上書きするかどうかを確認しています。

⑤では変数kujisよりランダムに要素を取り出し、書き出しています。

図 6-23 実行結果

```
% python3 filewrite3.py kuji.txt [Enter]  ●──── 存在しないファイルを指定した
                                                場合にはおみくじが書き出される

% python3 filewrite3.py kuji.txt [Enter]  ●──── ファイルが存在する場合には…
上書きしますか？(y/n):y [Enter]  ●──── 上書きしてよいか確認
```

☑ | 文字エンコーディング変換プログラムを作成する

この節のまとめとして、テキストファイルの文字エンコーディングを変換するプログラム「conv_enc1.py」の作成例を示します。元のファイルの文字エンコーディングは「utf_8」であるものとし、ShiftJIS、EUC-UP、JISのいずれかの文字エンコーディングに変換するようにします。

conv_enc1.pyの動作は次のようになります。

図 6-24 （1）次の形式で実行

```
% python3 conv_enc1.py 元のファイル 変換先のファイル [Enter]
```

図 6-25（2）メッセージが表示されるので文字コードを数値で指定

```
文字エンコーディングを指定してください
1:ShiftJIS  2:EUC-JP 3:JIS :1 Enter ●━━━━ 文字コードを指定
```

以上で、変換先のファイルが指定した文字コードで作成されます。

✓ 日本語の主な文字エンコーディング名について

文字エンコーディングはファイルをオープンする際に指定します。たとえばwith文で書き込み用のファイルをオープンする場合には次のようにエンコーディング名を指定します。

```
with open(out_file, "w", encoding="エンコーディング名") as out_f
```

次の表にPythonで指定可能な主な日本語エンコーディング名とその別名をまとめておきます。

表6-2 日本語エンコーディング名

エンコーディング名	説明	別名
euc_jp	日本語EUC	eucjp、ujis、u-jis
iso2022_jp	JIS	csiso2022jp、iso2022jp、iso-2022-jp
shift_jis	ShiftJIS	csshiftjis、shiftjis、sjis、s_jis
utf_8	UTF8	U8、UTF、utf8

✓ 変換プログラムの内容について

次に変換プログラム「conv_enc1.py」のリストを示します。

LIST 6-20 conv_enc1.py 📂

```python
import os, sys

# 引数がふたつであることを確認
if len(sys.argv) != 3:
    print("使い方:conv_enc1.py file1 file2")
    sys.exit()

# 変換元のファイルが存在することを確認
in_file = sys.argv[1]
if not os.path.exists(in_file):
    print("ファイルが存在しません")
    sys.exit()
```
❶
❷

次ページへ続く

```
# 変換先のファイルが存在していた場合に上書きするかを確認
out_file = sys.argv[2]
if os.path.exists(out_file):                              ⑤
    if input("上書きしますか？(y/n):") != "y":
        sys.exit()

# 文字エンコーディングを入力
print ("文字エンコーディングを指定してください");
enc_num = input("1:ShiftJIS 2:EUC-JP 3:JIS :")
if enc_num == "1":
    enc = "shift_jis"
elif enc_num == "2":
    enc = "euc_jp"                                        ④
elif enc_num == "3":
    enc = "iso2022_jp"
else:
    print("エンコーディングが正しくありません")
    sys.exit()

# 文字エンコーディングを変換する
with open(in_file, "r", encoding="utf_8") as in_f:
    with open(out_file, "w", encoding=enc) as out_f:   ⑥   ⑤
        for str in in_f:                              ⑦
            out_f.write(str)        ⑧
```

❶のif文では引数がふたつであることを確認しています（sys.argvの最初の要素はプログラム名となるので、sys.argvの要素数は「引数の数 + 1」です）。

❷のif文では最初の引数（sys.argv[1]）で指定した変換元のファイルが存在しているかを確認しています。

❸のif文では変換先のファイルが存在していた場合に上書きするかを確認しています。

❹では文字エンコーディングを入力しています。

❺で元のファイルから1行ずつ読み込み、変換先のファイルに書き出すことで文字エンコーディングを変換しています。❻で書き出すファイルの文字エンコーディングには、❹で入力した変数encの値を設定している点に注意していくください。

❼ではfor文で入力のファイルオブジェクトをイテレートして1行ずつ読み込み、❽でそれを書き出しています。

次に、sample.txtの文字エンコーディングをJISに変換してjis.txtに保存する例を示します。

図 6-26 実行結果

```
% python3 conv_enc1.py sample.txt jis.txt [Enter]
文字エンコーディングを指定してください
1:ShiftJIS 2:EUC-JP 3:JIS :3 [Enter]        ← エンコーディングを数値で指定
```

ユニバーサル改行モードとは

テキストファイルの改行コードは、OSに応じて標準とするものが異なります。

表6-3 改行コードの違い

改行コード	標準とするOS
CRLF（キャリッジリターン + ラインフィード）	Windows
LF（ラインフィード）	macOSやLinuxなど
CR（キャリッジリターン）	旧Mac OS

　Pythonでは、テキストファイルの読み書きにおける改行コードの相違を吸収するためのユニバーサル改行モードが有効になっています。プログラム内部ではLF（"\n"）が標準改行コードとして扱われ、ファイルの読み込み時には、CRLF（"\r\n"）もしくはCR（"\r"）がLF（"\n"）に自動的に変換されます。

　また、書き出し時には文字列内のLF（"\n"）がOSに応じた改行コード、たとえばWindowsならばCRLF（"\r\n"）に自動変換されます。

　なお、テキストファイルの読み書き時に改行コードを変換しないようにするにはopen()関数の引数で「newline=""」と指定します。

JSONファイルの読み込み

現在最も広く使用されているデータ交換フォーマットにJSONがあります。この節では標準ライブラリに用意されているjsonモジュールを使用し、JSONのテキストファイルを読み込んでPythonのオブジェクトに変換する方法について説明します。

✓ JSONとは

JSON（JavaScript Object Notation）は、テキストベースの軽量データ交換フォーマットです。もともとはJavaScriptにおけるオブジェクト記述用のフォーマットとして開発されたものですが、現在ではさまざまなプログラミング言語で利用可能で、Webのデータ通信やアプリケーションの設定ファイルなどとして広く使用されています。

同じくテキストベースのデータフォーマットにXML（Extensible Markup Language）がありますが、JSONのほうがよりシンプルでデータ量も少なくて済みます。

✓ JSONデータのフォーマット

JSON形式のデータは、全体を「{ }」で囲み、コロン「:」で接続したキー（プロパティ）と値のペアを、カンマ「,」で区切って指定します。Pythonの辞書と同じような形式です。

次に、"name"（名前）、"age"（年齢）、"pref"（都道府県名）をキーとするデータを格納するJSONデータの例を示します。nameとprefの値が文字列で、ageの値は整数値です。

LIST 6-21　JSONデータの例1

```
{
    "name": "大津真",
    "age": 44,
    "pref": "東京都",
}
```

値には、配列（Pythonでいうところのリスト）も使用できます。次の例は「foods」というキーの値として、4つの要素をもつ配列を記述しています。

LIST 6-22 JSONデータの例2

```
{
  "foods": ["カレー", "ラーメン", "うどん", "そば"]
}
```

☑ | JSON形式のテキストファイルを読み込むload()関数

PythonにはJSONデータを扱うjsonモジュールが用意されています。JSON形式のテキストファイルを読み込んで、データをPythonのオブジェクトに変換するにはjsonモジュールのload()関数を使用します。

図 6-27 load()関数

load（ファイル）

ファイルオブジェクトからJSONデータを読み込んで
Pythonのオブジェクトにして戻す

☑ JSONとPythonのデータの対応

load()関数で読み込んだデータは、次のようなPythonオブジェクトに変換されます。

表6-4 JSONのオブジェクトとPythonのオブジェクトの対応表

JSON	Python
辞書	dict
配列	list
文字列	str
数値（整数）	int
数値（浮動小数点数）	float
true	True
false	False
null	None

☑ JSONファイル「meibo.json」を読み込む

以上の説明をもとに、次のような顧客情報を管理するJSONファイル「meibo.json」をload()関数で読み込んでみましょう。

```json
{
    "customers": [
        {
            "name": "山田三郎",
            "age": 19,
            "pref": "東京都"
        },
        {
            "name": "江藤玲子",
            "age": 23,
            "pref": "千葉県"
        },
        {
            "name": "田中一郎",
            "age": 15,
            "pref": "千葉県"
        },
        {
            "name": "岸田誠",
            "age": 41,
            "pref": "神奈川県"
        },

        ～略～

    ]
}
```

最上位の階層は要素数が1の辞書です。"customers"をキーにして、それぞれの顧客データを配列として保存しています。個々の顧客のデータは辞書で、キーは"name"（名前）、"age"（年齢）、"pref"（出身地）の3種類です。

次にJSONファイルの内容をPythonのオブジェクトに変換するプログラムを示します。

LIST 6-24 load_json1.py 📁

```python
import json          ●①

f = open("meibo.json", "r", encoding="utf_8")          ●②
json_obj = json.load(f)          ●③
print(json_obj)          ●④
f.close()
```

①のimport文で、jsonモジュールをインポートしています。

②で、open()関数により「meibo.json」を読み込みモードでオープンしてファイルオブジェクトを変数fに格納しています。

296

❸でload()関数を使用して変数fからJSONデータを読み込み、Pythonのオブジェクトに変換して変数json_objに格納しています。❹でその値をprint()関数で表示しています。

次に実行結果を示します。

図 6-28 実行結果

```
% python3 load_json1.py Enter
{'customers': [{'name': '山田三郎', 'age': 19, 'pref': '東京都'},
{'name': '江藤玲子', 'age': 23, 'pref': '千葉県'}, {'name': '田中一郎
', 'age': 15, 'pref': '千葉県'}, {'name': '岸田誠', 'age': 41,
'pref': '神奈川県'}, {'name': '山本直樹', 'age': 45, 'pref': '東京都
'}, {'name': '向井五郎', 'age': 25, 'pref': '東京都'}, {'name': '山本
虎雄', 'age': 32, 'pref': '千葉県'}]}
```

✅ 読み込んだデータを1件ずつ表示する

jsonモジュールのload()関数で読み込んだデータは、辞書やリストといったPythonのオブジェクトに変換されます。

たとえば、前述のmeibo.jsonをload()関数で読み込んでPythonのオブジェクト「json_obj」に代入した場合、最初の顧客の名前（name）には次のようにしてアクセスできます。

json_obj["customers"][0]["name"]

また、2番目の顧客の都道府県名（pref）には次のようにアクセスできます。

json_obj["customers"][1]["pref"]

次に、meibo.jsonから読み込んだデータをfor文で処理して、それぞれの顧客の「名前」「年齢」「都道府県名」を順に表示する例を示します。

LIST 6-25 load_json2.py

```
import json

f = open("meibo.json", "r", encoding="utf_8")
json_obj = json.load(f)

for person in json_obj["customers"]:                    ❶
    print(f"{person['name']} {person['age']}才 {person['pref']}")    ❷

f.close()
```

297

変換後のPythonオブジェクト「json_obj」のトップレベルの階層は辞書（dict型）です。
❶のfor文で"customers"をキーに顧客データを取り出し、変数personに代入しています。
❷のprint()関数で、「名前 〜才 都道府県名」の形式で表示しています。
次に実行結果を示します。

図 6-29 実行結果

```
% python3 load_json2.py Enter
山田三郎  19才  東京都
江藤玲子  23才  千葉県
田中一郎  15才  千葉県
岸田誠  41才  神奈川県
山本直樹  45才  東京都
向井五郎  25才  東京都
山本虎雄  32才  千葉県
```

☑ 読み込んだデータを並べ替える

load()関数で読み込んだデータはPythonのオブジェクトなので後から自由に処理できます。
次に、meibo.jsonから読み込んだデータを、sorted()関数（P.198）を使用して年齢順にソートして表示する例を示します。

LIST 6-26 load_json3.py

```python
import json

f = open("meibo.json", "r", encoding="utf_8")
json_obj = json.load(f)

sorted_customers = sorted(json_obj["customers"], key=lambda a: a["age"])  ❶
for person in sorted_customers:
    print(f"{person['name']} {person['age']}才 {person['pref']}")

f.close()
```

❶でsorted()関数を使用して、読み込んだデータを並べ替えてリスト型の変数sorted_customersに代入しています。sorted()関数のキーワード引数keyには、lambda式として「lambda a: a["age"]」を指定し、ageキーを基準に昇順に並べ替えるように設定しています。
次に実行結果を示します。

図 6-30 実行結果

```
% python3 load_json3.py Enter
田中一郎 15才 千葉県
山田三郎 19才 東京都
江藤玲子 23才 千葉県
向井五郎 25才 東京都
山本虎雄 32才 千葉県
岸田誠 41才 神奈川県
山本直樹 45才 東京都
```

- ✓ ファイルを読み書きする前に
  open()メソッドでファイルを開きます

- ✓ ファイルを使い終わったら
  close()メソッドで閉じます

- ✓ with文を使用すると、ブロックを抜けた段階で
  ファイルが自動で閉じられます

- ✓ ファイルから読み込むには
  モードを「"r"」にしてファイルを開きます

- ✓ ファイルに書き込むには
  モードを「"w"」にしてファイルを開きます

- ✓ ファイルに追記するには
  モードを「"a"」にしてファイルを開きます

- ✓ ファイルの読み込みには
  read()、readlines()、readline()メソッドを使用します

- ✓ for文でファイルオブジェクトを直接イテレートして
  1行ずつ読み込むこともできます

- ✓ ファイルの書き込みには
  write()、writelines()メソッドを使用します

- ✓ open()メソッドでは「encoding="エンコーディング名"」で
  テキストファイルの文字エンコーディングを指定できます

- ✓ ファイルが存在しているかどうかを調べるには
  osモジュールのpath.exists()メソッドを使用します

- ✓ JSONファイルの読み込みには
  jsonモジュールのload()関数を使用します

練 習 問 題

Ⓐ 文字エンコーディングがutf8であるテキストファイル「sample.txt」を
読み込みモードで開くコマンドはどれでしょう。

❶ `f = open("sample.txt", "w", encoding="utf_8")`

❷ `f = open("sample.txt", "r", encoding="utf_8")`

❸ `read("sample.txt", "r")`

❹ `write("sample.txt", "r")`

Ⓑ 1行にひとつずつ食べ物の名前が記述されている、
次のようなテキストファイル「foods.txt」があります。

LIST 6-27 foods.txt 🗁

```
ラーメン
おでん
カレー
ステーキ
うどん
すし
```

次のプログラムは、foods.txtから1行ずつ読み込んで、
リストfoodsの要素としています。
空欄を埋めてプログラムを完成させてください。

```
foods = ☐1

with open("foods.txt", ☐2 , encoding="utf_8") as f:
    for food in ☐3 :
        foods.append(food.rstrip("\n"))


print(foods)
```

C 次のプログラムは、コマンドライン引数に複数の文字列を指定すると、
1行にひとつずつファイル「out.txt」に書き出します。
空欄を埋めてプログラムを完成させてください。

```python
import sys

# 引数があることを確認する
if len(sys.argv) < 2:
    print("引数を指定してください")
    sys.exit()

# コマンドライン引数を書き出す
with open("out.txt",  1  , encoding="utf_8") as out_f:
    for i in  2 :
        out_f.write( 3 )
```

D P.291の文字エンコーディング変換プログラム「conv_enc1.py」では、
変換元と変換先に同じファイルを指定するとファイルがクリアされてしまいます。

```
% python3 conv_enc1.py sample.txt sample.txt [Enter]
```

これを変更し、同じファイルを指定した場合に
「変換元と変換先が同じです」というメッセージを表示して
プログラムを終了するように空欄を埋めてください。

```python
import os, sys

# 引数がふたつであることを確認する
if len(sys.argv) != 3:
    print("使い方:conv_enc1.py file1 file2")
    sys.exit()
```

```python
# 変換元のファイルが存在することを確認する
in_file = sys.argv[1]
if not os.path.exists(in_file):
    print("ファイルが存在しません")
    sys.exit()

# 変換元と変換先が同じであればプログラムを終了する
if   1   ==   2  :
    print("変換元と変換先が同じです")
        3
```

　〜略〜

Ｅ P.298のload_json3.pyを変更し、
都道府県の順にソートして表示するように
空欄を埋めてください。

```python
import json

f = open("meibo.json", "r", encoding="utf_8")
json_obj = json.load(f)

sorted_customers = sorted(json_obj["customers"], ⇨
key=lambda a:   1  )
for person in sorted_customers:
    print(f"{person['name']} {person['age']}才 ⇨
{person['pref']}")

f.close()
```

CHAPTER

7 » オリジナルの クラスを作成する

オブジェクト指向言語であるPythonでは、
クラスがインスタンスを生成するためのひな形のような存在です。
最後のChapterでは、
いよいよオリジナルのクラスの定義方法について
説明していきましょう。

CHAPTER 7 - 01	はじめてのクラス作成
CHAPTER 7 - 02	オリジナルのクラスの 活用テクニック
CHAPTER 7 - 03	クラスを継承する

これから学ぶこと

✔ オリジナルのクラスの定義方法を学びます

✔ インスタンス変数とクラス変数の相違と使い分けについて
　 学びます

✔ クラスを継承して新たなクラスを定義する方法について
　 学びます

✔ クラスや関数を記述したファイルを
　 モジュールとして扱う方法を理解しましょう

✔ 組み込み型を継承する方法について学びます

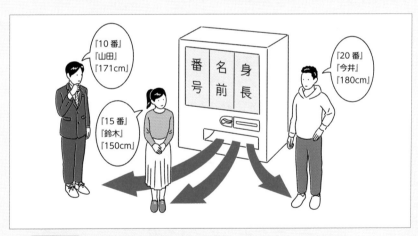

イラスト 7-1　「番号」「名前」「身長」を定義したクラスからインスタンスをつくる

Pythonにおけるオブジェクトの設計図のような存在がクラスです。クラスはどのようにして定義するのでしょう？　また、既存のクラスをベースに新たなクラスを継承するにはどうすればよいでしょう？　オブジェクト指向プログラミングの基礎を学んでいきましょう。

はじめてのクラス作成

CHAPTER 7

01

この節では、ごくシンプルなユーザー定義クラスの作成例を通して、クラスとメソッドの定義方法について説明していきましょう。インスタンス変数とクラス変数の相違についても解説します。

☑ クラス作成の基礎知識

　まずは、Pythonにおけるクラスの基本構造について説明しましょう。クラスはclassキーワードで定義します。クラスのブロックには必要なメソッドをdef文で定義していきます。

　関数と同じようにメソッドの定義もdef文で行います。

図 **7-1** クラスの基本構造

```
class クラス名：
    def メソッド1：
        メソッド1のブロック        ── クラス本体のブロック
    def メソッド2：
        メソッド2のブロック
        ⋮
```

ユーザー定義クラス名の表記

　ユーザー定義クラスのクラス名は慣習的に先頭を大文字で始めます。また、複数の単語から構成される場合には、アンダースコア「_」で接続せずに単語の先頭を大文字にします。

例）　People
　　　MyClass
　　　OldSchool

☑ 初期化メソッド「__init__()」について

メソッドの中で、インスタンスの初期化を行うメソッドのことを「初期化メソッド」と呼びます。初期化メソッドの名前は「__init__」に決まっています。また、必ず第1引数として「self」を渡します。このselfは自分自身のインスタンスを表す特別な値です。

図 7-2 初期化メソッド「__init__」

```
class クラス名;
    def __init__(self, 引数2, 引数3, …):
        初期化メソッドのブロック
```

アンダースコア「_」がふたつ付いたメソッドは特殊メソッド

「__init__」のように前後にアンダースコア「_」がふたつずつ付いたメソッドは特別な役割をするメソッドで「特殊メソッド」と呼ばれます。

☑ Customerクラスの作成

インスタンスごとに固有の変数のことを「インスタンス変数」といいます。ここでは、次のようなデータをインスタンス変数として持つCustomerクラスを例に説明しましょう。

表7-1 Customerクラスのインスタンス変数

インスタンス変数	説明
number	会員番号
name	名前
height	身長（cm）

Customerクラスの定義例は次のようになります。

LIST 7-1 Customerクラスの定義例

```
class Customer:
    def __init__(self, number, name, height = 0):
        self.number = number
        self.name = name
        self.height = height
```

307

Customerクラスでは❶で初期化メソッド「__init__()」のみを定義しています。__init__()には、3つのインスタンス変数の初期値を引数として渡します。

引数のデフォルト値

関数と同じく、メソッドに引数のデフォルト値やキーワード引数を指定してもかまいません。この例では引数heightにデフォルト値「0」を設定しています。

☑ インスタンス変数に値を代入する

クラス内のメソッド定義の内部で、インスタンス変数にアクセスするには「self.インスタンス名」の形式で指定します。たとえば、値を代入するには次のような形式で指定します。

図 7-3 インスタンス変数に値を代入する

self.インスタンス変数名 ＝ 値

Customerクラスの初期化メソッドでは、❷で3つの引数をそれぞれ同じ名前のインスタンス変数に代入しています。この例では、引数名とインスタンス変数名が同じですが、異なっていてもかまいません。

☑ クラスからインスタンスを生成する

クラスからインスタンスを生成するには次のようにします。

図 7-4 クラスからインスタンスを生成する

変数 ＝ コンストラクタ（引数1，引数2，… ）

コンストラクタ名はクラス名と同じです。Pythonのクラス定義には明示的なコンストラクタはありません。

コンストラクタによりインスタンスが生成されると、内部で__init__()メソッドが呼び出されます。たとえば、Customerクラスのインスタンスを生成して変数taroに代入するには次のようにします。このとき、__init__()メソッドの第1引数selfには自動的に自分自身のインスタンスを指し示す値が代入され、そのあとの引数は呼び出した側の引数が順に渡されます。

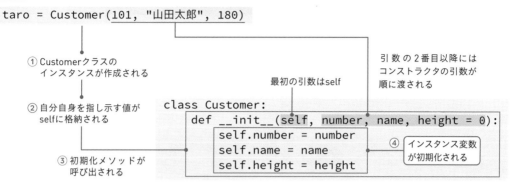

図 7-5 Customerクラスのインスタンスを生成して変数taroに代入する

```
taro = Customer(101, "山田太郎", 180)
```

① Customerクラスの
インスタンスが作成される

② 自分自身を指し示す値が
selfに格納される

③ 初期化メソッドが
呼び出される

最初の引数はself

引数の2番目以降には
コンストラクタの引数が
順に渡される

```
class Customer:
    def __init__(self, number, name, height = 0):
        self.number = number
        self.name = name
        self.height = height
```

④ インスタンス変数
が初期化される

✔ インスタンス変数にアクセスする

インスタンスが生成されると、次の形式でインスタンス変数にアクセスできます。

図 7-6 インスタンス変数にアクセスする

変数名.インスタンス変数名

✔ Customerクラスの使用例

これまでのまとめとして、Customerクラスを定義し、そのインスタンスを作成する例を示します。

LIST 7-2 customer1.py 📁

```
class Customer:
    def __init__(self, number, name, height=0):
        self.number = number
        self.name = name              ❶
        self.height = height

# インスタンスを生成
taro = Customer(101, "斉藤太郎", 180)   ❷
print(f"{taro.number}: {taro.name} {taro.height}cm")   ❸

# 身長を変更
taro.height = 175   ❹
print(f"{taro.number}: {taro.name} {taro.height}cm")   ❺
```

❶で先ほど説明したCustomerクラスを定義しています。❷でインスタンスを生成し、変数taro
に代入して、❸でprint()関数により3つのインスタンス変数の値を表示しています。
❹でインスタンス変数heightの値を変更し、❺で再び表示しています。

図 7-7 実行結果

```
$ python3 customer1.py [Enter]
101: 斉藤太郎 180cm     ───❸の結果
101: 斉藤太郎 175cm     ───❺の結果
```

✔ インスタンス変数とクラス変数

インスタンス変数は、インスタンスごとに固有の変数です。たとえば、Customerクラスの変数number、name、heightはインスタンスごと個別の値を持つインスタンス変数です。それに対して、クラスそのものに属し、インスタンスで共有される変数を「クラス変数」と呼びます。

Pythonのクラスでは、メソッドの外部に記述した変数に値を代入しておくとクラス変数となります。

図 7-8 クラス変数

```
class クラス名：
    クラス変数1 ＝ 値      メソッドの外部で値を代入した
    クラス変数2 ＝ 値      変数はクラス変数となる
    def __init__(〜)
        〜
```

✔ クラス変数にアクセスする

クラス変数にアクセスするには次のようにします。

図 7-9 クラス変数にアクセスする

クラス名.変数名

上記の書式でアクセスする場合、インスタンスを生成していなくてもかまいません。

なお、インスタンスを生成してある場合には、インスタンス変数と同様に次の形式でもクラス変数にアクセスできます。

図 7-10 インスタンスからクラス変数にアクセスする

インスタンス名.変数名

　実際の例を示しましょう。次の例は、前述のCustomerクラスにbmiというクラス変数を追加しています。なお、2章でも取り上げましたが、bmiとは（Body Mass Index）の略で、肥満度を示す値です。後述する、身長heightから標準体重を求めるメソッドで使用します。

LIST 7-3 customer2.py 📁

```python
class Customer:
    bmi = 22          ●➊
    def __init__(self, number, name, height=0):
        self.number = number
        self.name = name
        self.height = height


# クラス変数の値を表示
print(f"bmi: {Customer.bmi}")       ●➋

# インスタンスを生成
taro = Customer(101, "斉藤太郎", 180)
hanako = Customer(102, "山田花子", 165)      ➌

# クラス変数の値を変更
Customer.bmi = 23        ●➍
print(f"taro -> bmi: {taro.bmi}")       ●➎
print(f"hanako -> bmi: {hanako.bmi}")       ●➏
```

　➊が追加したクラス変数bmiです。「22」に初期化しています。

　➋では、クラス変数bmiに「クラス名.変数名」の形式でアクセスして値を表示しています。この時点ではインスタンスを生成していません。

　➌でCustomerクラスのインスタンスとしてtaroとhanakoを生成しています。

　➍でクラス変数の値を変更し、➎➏ではtaroとhanakoの変数としてアクセスして表示しています。クラス変数はインスタンスで共有されるのでどちらも同じ値になるはずです。

　実行して確認してみましょう。

図 7-11 実行結果

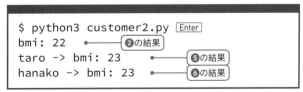

```
$ python3 customer2.py Enter
bmi: 22          ➋の結果
taro -> bmi: 23          ➎の結果
hanako -> bmi: 23          ➏の結果
```

✓ クラスでメソッドを定義する

ここまで、Customerクラスで定義していたのは初期化メソッドである__init__()だけですが、クラスには必要に応じてメソッドを追加できます。このとき、__init__()メソッドと同じく、ほかのメソッドを定義する場合も、第1引数として自分自身を示すselfを渡す点に注意してください。

図 7-12　クラスでメソッドを定義する

```
def メソッド名(self, そのほかの引数):
    メソッド本体
```

✓ 標準体重を求めるstd_weight()メソッドをCustomerクラスに追加する

続いて身長から標準体重を求めるstd_weight()メソッドをCustomerクラスに定義してみましょう。P.81「標準体重計算プログラムを作成する」のstd_weight1.pyと同様に、標準体重は次の式で計算しています。

図 7-13　標準体重の計算式

$$標準体重 = bmi \times 身長(m)^2$$

bmiは、customer2.pyでクラス変数として定義済みです。次にstd_weight()メソッドを追加したプログラムを示します。

LIST 7-4　customer3.py 📁

```
class Customer:
    bmi = 22
    def __init__(self, number, name, height=0):
        self.number = number
        self.name = name
        self.height = height

    # 標準体重を戻す
    def std_weight(self):
        return Customer.bmi * (self.height / 100) ** 2    ←❷  ❶

# インスタンスを生成
taro = Customer(101, "斉藤太郎", 180)      ❸
hanako = Customer(102, "山田花子", 160)

# 標準体重を表示)
print(f"{taro.name} 標準体重:{taro.std_weight():.2f}kg")
print(f"{hanako.name} 標準体重:{hanako.std_weight():.2f}kg")    ❹
```

❶が追加したstd_weight()メソッドです。❷のreturn文で標準体重を計算して戻しています。

　メソッドの内部では、クラス変数は「クラス名.変数名」、インスタンス変数は「self.変数名」としてアクセスします。ここでは、クラス変数のbmiは「Customer.bmi」として、インスタンス変数heightは「self.height」としてアクセスしています。

図 7-14 ❷のクラス変数とインスタンス変数

```
return Customer.bmi * (self.height / 100) ** 2
```

クラス変数　　　　　　　　　　インスタンス変数

クラス変数へのアクセス

　実際には同名のインスタンス変数がない場合、クラス変数bmiも「self.bmi」としてアクセスできますが、「Customer.bmi」としたほうがクラス変数であることがわかりやすいでしょう。

❸でCustomerクラスのインスタンスとしてtaroとhanakoを生成して、❹でstd_weight()メソッドを呼び出して標準体重を表示しています。

図 7-15 実行結果

```
$ python3 customer3.py Enter
斉藤太郎 標準体重:71.28kg
山田花子 標準体重:56.32kg
```

何もしないpass文

　クラスを定義する上で、メソッドのひな形だけを用意しておいてあとから中身を記述したいケースがあります。ただし、Pythonはメソッドの本体部分のブロックがないとエラーになります。そのような場合に便利なのがpass文です。pass文はいわばダミーの文で、何の処理も行いません。つまり空のブロックを記述できるわけです。

図 **7-16** pass文

```
class MyClass:
    def name(self, name):
        pass      ●────[ 空のブロックとなる ]
    def sample(self, point):
        pass      ●────[ 空のブロックとなる ]
```

　passは空のメソッドだけでなく、空の関数やif文のブロックにも使用可能です。さらに、クラスのブロックに記述して空のクラスを定義することもできます。

CHAPTER 7

02

オリジナルのクラスの活用テクニック

前節の説明で、オリジナルのクラス作成の基礎が理解できたと思います。この節では、その活用方法として、クラスに動的に変数やメソッドを追加する方法や、アトリビュートを外部から見えないようにするカプセル化などについて解説します。

☑ **クラスに変数やメソッドを動的に追加する**

Pythonでは、クラスを定義しインスタンスを生成したあとにも、変数やメソッドといったアトリビュートを動的に追加できます。

☑ **Customerクラスのインスタンスに変数を動的に追加する**

ここではクラスに動的にインスタンス変数を追加する例として、Customerクラスのインスタンスtaroに、新たに誕生日を管理する変数birthdateを追加する例を示しましょう。誕生日のような日時の管理にはdatetimeモジュールのdateクラスを利用すると便利です。

LIST 7-5 customer4.py

```python
from datetime import date        ←①
class Customer:
    bmi = 22
    def __init__(self, number, name, height=0):
        self.number = number
        self.name = name
        self.height = height

    def std_weight(self):
        return Customer.bmi * (self.height / 100) ** 2

# インスタンスを生成
taro = Customer(101, "斉藤太郎", 180)
# インスタンス変数を追加
taro.birthdate = date(1989, 7, 3)        ←②
print(f"{taro.name} 誕生日:{taro.birthdate}")        ←③
```

❶でdatetimeモジュールのdateクラスをインポートしています。dateクラスのコンストラクタには引数として年、月、日を順に指定します。

❷でtaroにインスタンス変数birthdateを追加し、1989年7月3日のdateオブジェクトを代入しています。❸でそれを表示しています。

次に実行結果を示します。

図 7-17 実行結果

```
$ python3 customer4.py Enter
斉藤太郎 誕生日:1989-07-03
```

✅ クラス変数を動的に追加する

customer4.pyでインスタンスtaroに追加したインスタンス変数birthdateは、taroに対してのみ有効で、ほかのインスタンスからは参照できません。

しかし、すべてのインスタンスで共有するクラス変数を動的に追加することもできます。たとえばLIMITというクラス変数を追加し、値を「50」に設定するには次のようにします。

LIST 7-6 customer5.py

```python
class Customer:
    def __init__(self, number, name, height=0):
        self.number = number
        self.name = name
        self.height = height

    def std_weight(self):
        return Customer.bmi * (self.height / 100) ** 2

# クラス変数を追加
Customer.LIMIT = 50          ❶

# インスタンスを生成
taro = Customer(101, "斉藤太郎", 180)        ❷
hanako = Customer(102, "山田花子", 150)

print(taro.LIMIT)            ❸
print(hanako.LIMIT)
print(Customer.LIMIT)        ❹
```

❶でクラス変数LIMITを追加し、値を「50」に設定しています。❷でインスタンスとしてtaroとhanakoを生成しています。❸で「インスタンス変数.LIMIT」、❹で「クラス名.LIMIT」の形式でクラス変数LIMITにアクセスして表示しています。いずれも同じ「50」が表示されます。

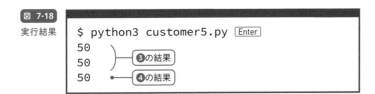

図 7-18
実行結果

```
$ python3 customer5.py  Enter
50
50    ❸の結果
50    ❹の結果
```

定数は大文字で

変数LIMITはあとから変更しない値である定数としています。このように定数は通常の変数と区別するためにすべて大文字で記述するとわかりやすいでしょう。

✔ **メソッドを動的に追加する**

既存のクラスに、あとから動的にメソッドを追加することもできます。次の例を見てみましょう。

LIST 7-7 customer6.py 📁

```python
class Customer:
    bmi = 22
    def __init__(self, number, name, height=0):
        self.number = number
        self.name = name
        self.height = height

    def std_weight(self):
        return Customer.bmi * (self.height / 100) ** 2

# メソッドを定義
def show_info(self):
    print(f"{self.number}: {self.name}")          ❶

# メソッドを追加
Customer.show_info = show_info          ❷

# インスタンスを生成
taro = Customer(101, "斉藤太郎", 180)          ❸
# 追加したshow_info()メソッドを実行
taro.show_info()          ❹
```

❶で、新たに番号と名前を表示するshow_info()メソッドを定義しています。❷でCustomerクラスのアトリビュートshow_infoにメソッド名のshow_infoを代入しています。これでCustomer

クラスにshow_info()メソッドが追加されました。❸でインスタンスを生成し、❹でshow_info()
メソッドを呼び出しています。実行してみましょう。

図 7-19

実行結果

```
$ python3 customer6.py Enter
101: 斉藤太郎   ←──❹の実行結果
```

show_info()メソッドが呼び出されたことがわかります。なお、インスタンスの生成後にメソッ
ドを動的に追加してもかまいません。前述の例では、❷のメソッドの登録は❸のインスタンスの
生成後に移動してもOKです。

✔ アトリビュートを外部からアクセスできないようにする

変数やメソッドなどのアトリビュートを外部から操作できないようにすることを、オブジェクト
指向言語の用語で「カプセル化」と呼びます。Customerクラスの例では、名前（name）は、イ
ンスタンスを初期化する際に設定しあとから変更させたくないといった場合に、カプセル化します。

✔ アクセッサメソッドについて

Pythonでは変数名やメソッド名の前に"＿＿"（アンダースコア「＿」をふたつつなげる）を付け
ることにより、変数名などで外部から直接アクセスできないようにすることが可能です。

図 7-20 外部からアクセスできないようにする

＿＿変数

これらのカプセル化された変数に、外部からアクセスしたい場合には必要に応じてメソッドを用
意します。このとき、値を取得するメソッドを「ゲッターメソッド」、値を設定するメソッドを「セ
ッターメソッド」といいます。ゲッターメソッドとセッターメソッドをあわせて「アクセッサメソ
ッド」といいます。

ゲッターメソッド／セッターメソッドの名前は慣習的に次のようにします。

表7-2 ゲッターメソッド／セッターメソッドの名前の一般的な付け方

メソッド	名前	例
ゲッターメソッド	get_変数名	get_name、get_number
セッターメソッド	set_変数名	set_name、set_number

☑ Customerクラスのインスタンス変数をカプセル化する

次に、Customerクラスのインスタンス変数をカプセル化した例を示します。この例では3つの
インスタンス変数name、number、heightのすべてにゲッターメソッドを用意し、numberのみ
セッターメソッドを用意しています。

LIST 7-8 customer7.py 📁

```python
class Customer:
    bmi = 22
    def __init__(self, number, name, height=0):
        self.__number = number
        self.__name = name          ❶
        self.__height = height

    # nameのゲッターメソッド
    def get_name(self):
        return self.__name;

    # numberのゲッターメソッド
    def get_number(self):
        return self.__number

    # numberのセッターメソッド           ❷
    def set_number(self, number):
        self.__number = number

    # heightのゲッターメソッド
    def get_height(self):
        return self.__height

    def std_weight(self):
        return Customer.bmi * (self.height / 100) ** 2

# インスタンスを生成
taro = Customer(101, "斉藤太郎", 180)

# name = taro.__name;            ❸
# number = taro.__number

name = taro.get_name()
taro.set_number(99)              ❹
number = taro.get_number()
height = taro.get_height()
print(f"{number}: {name} {height}cm")
```

❶でインスタンス変数名の前に「__」を記述してカプセル化しています。❷でゲッターメソッ
ドとセッターメソッドを定義しています。ゲッターメソッドは単にインスタンス変数を戻し、セッ

ターメソッドは引数を変数に代入するというシンプルなものです。

❹で実際に定義したゲッターメソッド／セッターメソッドを実行しています。

図 7-21 実行結果

```
$ python3 customer7.py Enter
99: 斉藤太郎 180cm
```

なお、❸のコメントになっている部分では、カプセル化されたインスタンス変数に直接アクセスしようとしています。コメントを外して実行してみてエラーになることを確認してください。

図 7-22 実行結果

```
$ python3 customer7.py Enter
Traceback (most recent call last):
  File "tmp.py", line 30, in <module>
    name = taro.__name;
AttributeError: 'Customer' object has no attribute '__name'
```

クラスの内部だけで使用するアトリビュート

アンダースコア「_」をふたつ付けたアトリビュート「__」は、外部からそのままアクセスできませんが、名前の先頭に「_」をひとつだけ設定したアトリビュートも指定可能です。これはクラスの内部だけで使用するアトリビュートであり、外部からアクセスしてほしくないという目印のようなものです。ただし、これは暗黙の了解のようなもので、実際には外部からアクセスすることが可能です。たとえば、将来的に変更される可能性がある変数やメソッドであることを示すといった目的で使用されます。

表 7-3 アトリビュート

アトリビュート名の先頭	説明	例
「_」アンダースコアひとつ	外部からアクセスしてほしくない	_point、_secret()
「__」アンダースコアふたつ	外部からアクセスできない	__name、__nickname()

320

☑ アクセッサメソッドをプロパティとして扱うには

さて、上記の例ではカプセル化したインスタンス変数に外部からアクセスするには、アクセッサメソッドを呼び出す必要がありました。それに対して、「プロパティ」という仕組みを使うと、次のように通常のインスタンス変数のようにアクセスできます。

図 7-23 値を取得する場合

```
name = taro.get_name()
          ↓
name = taro.name
```

図 7-24 値を設定する場合

```
taro.set_name(値)
       ↓
taro.name = 値
```

☑ property()関数でプロパティを設定する

アクセッサメソッドを、プロパティとして設定するにはproperty()組み込み関数を使用します。

図 7-25 property()関数

property([ゲッターメソッド[，セッターメソッド]])

ゲッターメソッド/セッターメソッドをプロパティとして設定する

たとえば、ゲッターメソッド「get_number()」/セッターメソッド「get_number()」のためのプロパティnumberを設定するには次のようにします。

```
number = property(get_number, set_number)
```

次に、Customerクラスのインスタンス変数をプロパティにした例を次ページに示します。

```python
class Customer:
    bmi = 22
    def __init__(self, number, name, height=0):
        self.__number = number
        self.__name = name
        self.__height = height

    # nameのゲッターメソッド
    def get_name(self):
        return self.__name;

    # numberのゲッターメソッド
    def get_number(self):
        return self.__number

    # numberのセッターメソッド
    def set_number(self, number):
        self.__number = number

    # heightのゲッターメソッド
    def get_height(self):
        return self.__height

    def std_weight(self):
        return Customer.bmi * (self.height / 100) ** 2

    # プロパティ
    name = property(get_name)
    number = property(get_number, set_number)      ❶
    height = property(get_height)

# インスタンスを生成
taro = Customer(101, "斉藤太郎", 180)


name = taro.name
#taro.name = "山田一郎"        ❸
taro.number = 99
number = taro.number                ❷
height = taro.height
print(f"{number}: {name} {height}cm")
```

　Customerクラスの変更点は❶のproperty()関数です。❷でプロパティにアクセスして値を表示します。

図 7-26 実行結果

```
$ python3 customer8.py Enter
99: 斉藤太郎 180cm
```

　なお、「customer8.py」ではnameプロパティ、heightプロパティに関してはゲッターメソッドのみ設定しています。そのため❸のコメントを外して、nameに値を代入しようとするとエラーになります。

図 7-27 実行結果

```
$ python3 customer8.py Enter
Traceback (most recent call last):
  File "tmp.py", line 36, in <module>
    taro.name = "山田一郎"
AttributeError: can't set attribute
```

✔ オリジナルのクラスや関数をモジュールとして利用する

　標準ライブラリに用意されているモジュールと同じように、オリジナルのクラスや関数をモジュールとして保存し、別のプログラムでインポートできます。モジュールといっても通常のPythonのプログラムファイルと何ら変わりません。拡張子を「.py」にしたテキストファイルとして保存しておくということだけでかまいません。

✔ クラスを記述したファイルをモジュールとして利用する

　たとえば、前述のCustomerクラスをファイル名「customer_m1.py」のソースファイルとして保存してあるとしましょう（次ページにリスト）。

```python
class Customer:
    bmi = 22
    def __init__(self, number, name, height=0):
        self.__number = number
        self.__name = name
        self.__height = height

    # nameのゲッターメソッド
    def get_name(self):
        return self.__name;

    # numberのゲッターメソッド
    def get_number(self):
        return self.__number

    # numberのセッターメソッド
    def set_number(self, number):
        self.__number = number

    # heightのゲッターメソッド
    def get_height(self):
        return self.__height

    def std_weight(self):
        return Customer.bmi * (self.height / 100) ** 2

    # プロパティ
    name = property(get_name)
    number = property(get_number, set_number)
    height = property(get_height)
```

　モジュール名はファイル名から拡張子「.py」を除いた名前になります。したがって「customer_m1.py」の場合、モジュール名は「customer_m1」となります。
　このモジュールをインポートしてCustomerクラスを使用する例を示します。

LIST 7-11 module_test1.py 📁

```python
import customer_m1          ●——————❶

taro = customer_m1.Customer(101, "斉藤太郎", 180)      ●———————❷
hanako = customer_m1.Customer(102, "山田花子", 160)     ●———❸

print(f"{taro.name} 標準体重:{taro.std_weight():.2f}kg")     ⎫
print(f"{hanako.name} 標準体重:{hanako.std_weight():.2f}kg")  ⎭❹
```

　❶でcustomer_m1モジュールをインポートしています。これで、次の形式でクラスを利用できます。

図 7-28 次の形式でCustomerクラスを利用できる

$$\underbrace{\text{customer\_m1}}_{\text{モジュール名}}.\underbrace{\text{Customer}}_{\text{クラス名}}(\sim)$$

❷❸でCustomerクラスからインスタンスを生成し、❹でプロパティとメソッドを実行して表示しています。

図 7-29
実行結果

```
$ python3 module_test1.py [Enter]
斉藤太郎 標準体重:71.28kg
山田花子 標準体重:56.32kg
```

☑ クラス名だけでアクセスするには

なお、標準モジュールと同じくfrom〜import文を使用してクラスを読み込むと、クラス名だけでクラスにアクセスできます。

LIST 7-12 module_test2.py 📁

```
from customer_m1 import Customer          ❶

taro = Customer(101, "斉藤太郎", 180)  ❷
hanako = Customer(102, "山田花子", 179)

print(f"{taro.name} 標準体重:{taro.std_weight():.2f}kg")
print(f"{hanako.name} 標準体重:{hanako.std_weight():.2f}kg")
```

❶でfrom〜import文によりcustomer_m1モジュールからCustomerクラスをインポートしています。以上で❷のようにクラス名でCustomerクラスにアクセスできます。

モジュール・ファイルの名前の付け方

Pythonのモジュールとして使用するファイルの名前の付け方には、次のようなルールがあります。

- アルファベット文字と英数字のみを使用する
- 先頭はアルファベットの小文字で始まる
- 拡張子は「.py」にする

慣習的に次のような名前が推奨されています。

- アルファベットすべて小文字を使用する

✓ モジュールにテスト用のステートメントを加える

モジュールの内部には、関数やクラスのテスト用のステートメントを加えることもできます。それにはモジュールの最後に次の形式でif文を記述します。

図 7-30 モジュール名.py

```
      ⋮
クラスや関数の定義
      ⋮
if __name__ == "__main__":
    テスト用のブロック
```

if文の条件式部分に注目してみましょう。変数__name__の値が「"__main__"」と等しければテスト用のブロックが実行されます。このファイルを「python3 ファイル名 Enter 」として通常プログラムとして実行した場合、変数__name__には「__main__」が格納されます。したがってテスト用のブロックが実行されます。

そうではなく、import文によりモジュールとしてインポートされた場合は、変数__name__には「ファイル名」が格納されるのです。したがって、モジュールとしてロードされるとテスト用のブロックは実行されないわけです。

次に、Customerクラスのモジュールにテスト用のブロックを記述した例を示します。

LIST 7-13 customer_m2.py

```
class Customer:
    bmi = 22
    def __init__(self, number, name, height=0):
        self.__number = number
        self.__name = name
        self.__height = height

    # nameのゲッターメソッド
    def get_name(self):
        return self.__name;

    # numberのゲッターメソッド
    def get_number(self):
        return self.__number

    # numberのセッターメソッド
    def set_number(self, number):
        self.__number = number
```

```
    # heightのゲッターメソッド
    def get_height(self):
        return self.__height

    def std_weight(self):
        return Customer.bmi * (self.height / 100) ** 2

    # プロパティ
    name = property(get_name)
    number = property(get_number, set_number)
    height = property(get_height)

if __name__ == "__main__":      ●━━━━●❶
    taro = Customer(101, "斉藤太郎", 180)                      ⎫
    print(f"{taro.name} 標準体重:{taro.std_weight():.2f}kg")   ⎬❷
```

　以上で、customer_m2.pyが次のようにプログラムとして実行された場合のみ、❶のif文が成立し、❷のテスト用のブロックが実行されます。

図 7-31 実行結果

```
$ python3 customer_m2.py [Enter]
斉藤太郎 標準体重:71.28kg
```

クラスを継承する

CHAPTER 7

03

オブジェクト指向言語の最も大きなメリットは、既存のクラスの機能を引き継いで新たなクラスを作成できるという点でしょう。この節ではクラスを継承したクラスを作成し、機能を追加する方法について説明します。

☑ Customerクラスを継承してみよう

オブジェクト指向言語では、継承元のクラスを「スーパークラス」、スーパークラスを継承したクラスを「サブクラス」といいます。

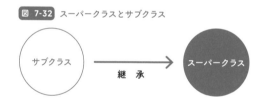

図 7-32 スーパークラスとサブクラス

次に、スーパークラスのサブクラスを定義する場合の書式を示します。

図 7-33 スーパークラスのサブクラスを定義する

class サブクラス名（スーパークラス名）：
　　クラス本体

☑ Customerクラスを継承したGoldCustomerクラスを作成する

ここでは、前節で説明したCustomerクラス（P.326 LIST 7-13 「customer_m2.py」）を継承したGoldCustomerクラスを作成する例を示しましょう。

GoldCustomerクラスは、スーパークラスであるCustomerクラスのアトリビュートを引き継いで、新たに誕生日のデータをbirthdateプロパティとして管理するものとします。

LIST 7-14 customer9.py（一部）📁

```
from customer_m2 import Customer        ●①
from datetime import date        ●②

class GoldCustomer(Customer):
    def __init__(self, number, name, height=0, birthdate=0):
        self.__birthdate = birthdate
        super().__init__(number, name, height)

    # birthdateプロパティの設定
    def get_birthdate(self):
        return self.__birthdate
    birthdate = property(get_birthdate)
```

①でcustomer_m2モジュールのCustomerクラスを、②でdatetimeクラスのdateクラスをインポートしています。③がGoldCustomerクラスの定義です。次のようにCustomerクラスを継承するように設定しています。

図 7-34 ③ Customerクラスを継承

```
class GoldCustomer(Customer):
```
Customerクラスを継承する

④では、初期化メソッド「__init__()」を定義し、新たに引数としてbirthdateを加えています。

LIST 7-15 上記 LIST 7-14 の④の部分

```
    def __init__(self, number, name, height=0, birthdate=0):
        self.__birthdate = birthdate        ●Ⓐ
        super().__init__(number, name, height)        ●Ⓑ
```

Ⓐで引数のbirthdateをカプセル化されたインスタンス変数__birthdateに設定しています。それ以外の引数はスーパークラスと同じです。その場合、スーパークラスの初期化メソッドをそのまま呼び出すことができます。

Ⓑのsuper()はスーパークラスを戻す関数です。つまり、number、name、heightの3つの引数に関しては、スーパークラスの__init__()メソッドを呼び出すことによって初期化を行っているわけです。

⑤では、GoldCustomerクラスで追加したインスタンス変数__birthdateをbirthdateプロパティとして設定しています。

☑ GoldCustomerクラスをテストする

次に、前述のcustomer9.pyに記述したGoldCustomerクラスのテスト用プログラムを示します。

`LIST 7-16` customer9.py（一部）

```python
if __name__ == "__main__":
    taro = GoldCustomer(101, "斉藤太郎", 180, date(1978, 9,1))      ●❶
    # スーパークラスのプロパティ
    name = taro.name
    number = taro.number          ❷
    height = taro.height
    # スーパークラスのメソッド
    std_weight = taro.std_weight()      ●❸
    # サブクラスのインスタンス変数
    birth = taro.birthdate      ●❹

    print(f"{number} {name} 身長:{height}cm 標準体重:{std_weight:.2f}kg 誕生日: ⇨
{birth}")
```

❶でGoldCustomerクラスのインスタンスtaroを生成しています。❷❸はスーパークラスであるCustomerクラスから引き継いだメソッドとプロパティです。

❹はGoldCustomerクラスで追加したbirthdateプロパティです。❺のprint()関数でそれらの値を表示しています。

`図 7-35` 実行結果

```
$ python3 customer9.py Enter
101 斉藤太郎 身長:180cm 標準体重:71.28kg 誕生日: 1978-09-01
```

☑ サブクラスでメソッドを追加する

サブクラスでは、インスタンス変数だけでなく新たにメソッドを追加することもできます。続いて、GoldCustomerを変更して誕生日から求めた年齢を戻すget_age()メソッドを加えてみましょう。

LIST 7-17　customer10.py（一部）📁

```python
from customer_m2 import Customer
from datetime import date

class GoldCustomer(Customer):
    def __init__(self, number, name, height=0, birthdate=0):
        self.__birthdate = birthdate
        super().__init__(number, name, height)

    # birthdateプロパティの設定
    def get_birthdate(self):
        return self.__birthdate

    birthdate = property(get_birthdate)

    def get_age(self):                        ●①
        now = date.today()                    ●②
        age = now.year - self.birthdate.year
        if (now.month, now.day) >= (self.birthdate.month, self.birthdate.⇨  ③
day):
            return age
        else:
            return age - 1
```

　①が追加したget_age()メソッドです。②のtoday()メソッドは今日の日付のdateオブジェクト
を戻します。dateオブジェクトではインスタンス変数year、month、dayでそれぞれ年、月、日を
求めることができます。したがって、③のように今日の年から誕生日の年を引くことで仮の年齢
ageが求められます。③のif文で誕生日が過ぎているかどうかを判断し、過ぎていなければageか
ら1を引いています。

　次に、customer10.pyのテスト用のブロックに記述した、新たに追加したget_age()メソッドを
テストするプログラムを示します。

LIST 7-18　customer10.py（一部）

```python
if __name__ == "__main__":
    taro = GoldCustomer(101, "斉藤太郎", 180, date(1978, 9,1))
    # スーパークラスのプロパティ
    name = taro.name
    number = taro.number
    height = taro.height
    # スーパクラスのメソッド
    std_weight = taro.std_weight()
    # サブクラスのプロパティ
    birth = taro.birthdate
```

次ページへ続く

```
# サブクラスのメソッド
age = taro.get_age()  ●———————❶

print(f"{number} {name} 身長:{height}cm 標準体重:{std_weight:.2f}kg ⇨
誕生日: {birth}")
print(f"年齢: {age}")
```
❷

❶でget_age()メソッドにより年齢を求め、❷で表示しています。

図 7-36 実行結果

```
$ python3 customer10.py Enter
101 斉藤太郎 身長:180cm 標準体重:71.28kg 誕生日: 1978-09-01
年齢: 42
```

✅ メソッドもプロパティにできる

新たに追加したget_age()メソッドをプロパティとして扱うことも可能です。それには次のようにproperty()組み込み関数を使用します。

LIST 7-19 customer11.py（一部）

```
from customer_m2 import Customer
from datetime import date

class GoldCustomer(Customer):

    ～略～

    age = property(get_age)  ●————————❶

if __name__ == "__main__":

    ～略～

    # サブクラスのプロパティ
    age = taro.age  ●————❷

    ～略～
```

❶でproperty()関数によりget_age()関数をageプロパティに設定しています。テスト用のプログラムでは❷でageプロパティを変数ageに代入しています。

☑ 組み込み型を継承する

　Pythonでは、オリジナルのクラスだけでなく、組み込み型を継承するクラスを作成できます。
つまり、既存の組み込み型の機能を自由に拡張できるわけです。

　ここでは、リスト型のクラスであるlistクラスを継承した、NumListクラスの作成例を示しましょう。

　NumListクラスは数値を格納するためのリストで、次の2つのメソッドを追加しています。

表7-3 NumListクラスのメソッド

メソッド	説明
sum_plus_value()	要素の中で正の値の合計を戻す
remove_minus_value()	負の値の要素を値「0」に変更する

次にNumListクラスのプログラムを示します。

LIST 7-20 my_list1.py（一部）📂

```python
class NumList(list):
    #  正の値を合計する
    def sum_plus_value(self):
        sum = 0
        for n in self:
            if n > 0:
                sum += n
        return sum

    # 負の値を0にする
    def remove_minus_value(self):
        for i in range(len(self)):
            if self[i] < 0:
                self[i] = 0
```

❶でlistクラスをスーパークラスとするNumListクラスを定義しています。

❷が正の値の要素を合計するsum_plus_value()メソッド、❸が負の要素の値を「0」にする
remove_minus_value()メソッドの定義です。

　my_list1.pyには次ページのようなテスト用のプログラムを記述しています。

LIST 7-21 my_list1.py（一部）

```
if __name__ == "__main__":
    lst = NumList([1, 2, 3, -4, 9, -9])          ❶
    lst[1] = 4          ❷
    print(f"合計: {lst.sum_plus_value()}")          ❸
    lst.remove_minus_value()
    print(lst)          ❹
```

❶でNumListクラスのコンストラクタにリストを渡してインスタンスを生成しています。

❷で通常のリストと同じようにインデックスで要素にアクセスできることを確かめています。

❸でsum_plus_value()メソッドにより要素の合計を求めています。

❹でremove_minus_value()メソッドで負の要素の値を「0」にして表示しています。

次に実行結果を示します。

図 7-37 実行結果

```
$ python3 my_list1.py Enter
合計: 17
[1, 4, 3, 0, 9, 0]
```

CHAPTER X　**» まとめ**

✓ オリジナルのクラスはclass文で定義できます

✓ selfは自分自身を参照する特別な値です

✓ クラスの初期化は__init__()メソッドで行います

✓ インスタンスに固有の変数をインスタンス変数、
インスタンスで共通の変数を「クラス変数」といいます

✓ クラスの内部ではインスタンス変数には「self.変数名」で、
クラス変数には「クラス名.変数名」でアクセスできます

✓ 変数やメソッドの名前の前に「__」を付けると
外部からアクセスできないようにすることが可能です（カプセル化）

✓ 外部からアクセスしてほしくない変数やメソッドは、
名前の前に「_」を付けます

✓ カプセル化した変数に外部からアクセスするには
ゲッターメソッド／セッターメソッドを用意します

✓ プロパティを使用するとアクセッサメソッドを変数のように扱えます

✓ オリジナルの関数やクラスをモジュールとして保存しておけます

✓ モジュール名は、ファイル名から拡張子「.py」を取り除いた名前に
なります

✓ テスト用のステートメントは
「if __name__ == "__main__":」のブロックに記述します

✓ クラスを継承した新たなクラスを作成できます

✓ 継承元のクラスを「スーパークラス」、
スーパークラスを継承したクラスを「サブクラス」といいます

✓ 組み込み型を継承した上で機能を拡張できます

Ⓐ 次の文が正しい場合は○、間違っている場合は×を記入してください。

（　） クラスはdef文で定義する
（　） クラスの変数の中でインスタンスごとに用意された変数を「クラス変数」という
（　） selfは自分自身を参照するキーワードである
（　） クラスの初期化メソッドの名前はクラス名と同じである
（　） アトリビュートを外部から見えないようにするには
　　　 先頭にアンダースコア「_」をひとつ記述する

Ⓑ 次のプログラムでは、円を管理するクラスCircleを定義して、
そのインスタンスを生成しています。
インスタンス変数としてはradius（半径）と、color（色）を用意しています。
空欄を埋めてプログラムを完成させてください。

```
class Circle():
    def  1  (self, radius, color="white"):
         2   = radius
        self.color = color


c1 =  3  (10, "black")
print(f"半径: {c1.radius}, 色: {c1.color}")
```

C 次のプログラムは問題**B**のプログラムを変更したものです。
インスタンス変数radiusとcolorをカプセル化して
外部から見えないようにしています。
また、それらにゲッターメソッドを用意し、
プロパティとしてアクセスできるようにしています。
空欄を埋めてプログラムを完成させてください。

```python
class Circle():
    def __init__(self, radius, color="white"):
          1   = radius
          2   = color

    def get_radius(self):
          3

    def get_color(self):
          4

    radius =   5
    color = property(get_color)

c1 = Circle(10, "black")
print(f"半径: {c1.radius}, 色: {c1.color}")
```

D 問題**C**のCircleクラスを継承するNewCircleクラスを作成してみましょう。
空欄部分に、NewCircleクラスを定義し、
面積を求めるmenseki()メソッドを追加してください。

```python
import math
class Circle():
    def __init__(self, radius, color="white"):
        self.__radius = radius
        self.__color = color

    def get_radius(self):
        return self.__radius

    def get_color(self):
        return self.__color

    radius = property(get_radius)
    color = property(get_color)
```
```
┌─────────── 1 ───────────┐
└─────────────────────────┘
┌─────────── 2 ───────────┐
└─────────────────────────┘
┌─────────── 3 ───────────┐
└─────────────────────────┘
```
```python
c1 = NewCircle(10, "black")

print(f"半径: {c1.radius}, 色: {c1.color}, 面積: {c1. ⇨
menseki():.2f}")
```

Turtleグラフィックスで図形を描く

Python標準ライブラリには、プログラミングの学習に適したグラフィックスモジュールである「Turtle」が用意されています。ここではTurtleの使用方法について説明します。Turtleグラフィックスで図形を描きながら、本書で解説した、データ型、制御構造、関数といったプログラミングの基本機能を確認していくとより理解が深まるでしょう。

☑ 基本的な図形を描く

Turtleグラフィックスでは、カーソルをタートル（亀）に見立てて、コマンド（メソッド）によって動かすことで図形を描いていきます。

実際にタートルを動かして画面に次のような正方形を描くスクリプト例を示します。

図 A-1 タートルが動いていく軌跡で描く

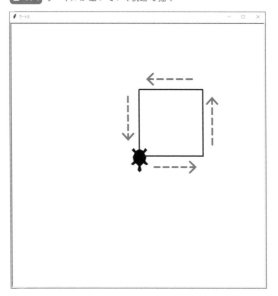

LIST **A-1** t1.py

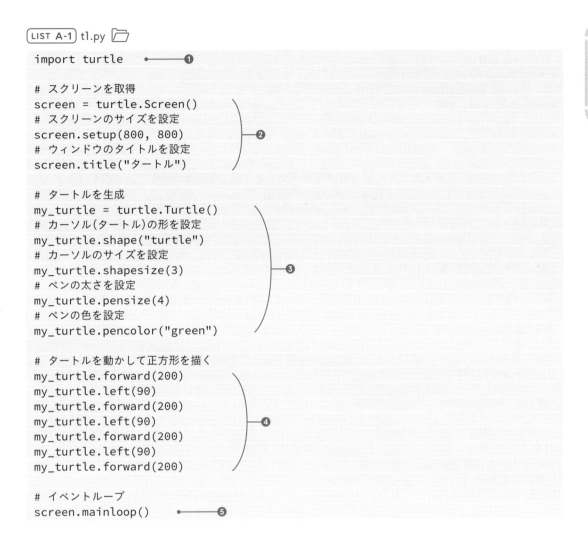

```
import turtle          ●①

# スクリーンを取得
screen = turtle.Screen()
# スクリーンのサイズを設定
screen.setup(800, 800)          ②
# ウィンドウのタイトルを設定
screen.title("タートル")

# タートルを生成
my_turtle = turtle.Turtle()
# カーソル(タートル)の形を設定
my_turtle.shape("turtle")
# カーソルのサイズを設定
my_turtle.shapesize(3)          ③
# ペンの太さを設定
my_turtle.pensize(4)
# ペンの色を設定
my_turtle.pencolor("green")

# タートルを動かして正方形を描く
my_turtle.forward(200)
my_turtle.left(90)
my_turtle.forward(200)
my_turtle.left(90)          ④
my_turtle.forward(200)
my_turtle.left(90)
my_turtle.forward(200)

# イベントループ
screen.mainloop()          ⑤
```

　Turtleのモジュール名は「turtle」です。①のimport文でturtleモジュールをインポートしています。

✅ スクリーンの設定

　Turtleグラフィックスを使用するには、まず、Screenオブジェクトを生成してウィンドウサイズの設定などを行います（②の部分）。

```
# スクリーンを取得
screen = turtle.Screen()  ●───────Ⓐ
# スクリーンのサイズを設定
screen.setup(800, 800)  ●───────Ⓑ
# ウィンドウのタイトルを設定
screen.title("タートル")  ●───────Ⓒ
```

ⒶのScreen()クラスメソッドで、Screenオブジェクトを生成し変数screenに代入しています。

Ⓑのsetup()メソッドがウィンドウサイズの設定、Ⓒのtitle()メソッドがウィンドウのタイトルの設定です。

✔ タートルのセットアップ

次に、❸でTurtleオブジェクトを生成し、カーソルの形状やペンの太さなどを設定します。

LIST A-3 LIST A-1 の❸の部分

```
# タートルを生成
my_turtle = turtle.Turtle()  ●───────Ⓓ
# カーソル（タートル）の形を設定
my_turtle.shape("turtle")  ●───────Ⓔ
# カーソルのサイズを設定
my_turtle.shapesize(3)  ●───────Ⓕ
# ペンの太さを設定
my_turtle.pensize(4)  ●───────Ⓖ
# ペンの色を設定
my_turtle.pencolor("green")  ●───────Ⓗ
```

ⒹのTurtle()メソッドでTurtleオブジェクトを生成し、変数my_turtleに代入しています。

Ⓔのshape()メソッドがカーソルの形状の設定です。

表A-1 カーソルの形状

設定値		形状
arrow	▶	矢印1
classic	➤	矢印2（デフォルト）
turtle	🐢	亀
circle	●	円
square	■	正方形
triangle	▶	三角形

Fのshapesize()メソッドがカーソルのサイズ、Gのpensize()メソッドがペンのサイズ、Hの
pencolor()メソッドがペンの色の設定です。なお、これらの項目にはデフォルトの値が用意されて
いるので必要がなければ設定しなくてもかまいません。

✔ タートルを動かして正方形を描く

スクリーンおよびTurtleオブジェクトのセットアップが完了したら、Turtleオブジェクトに移動
用のコマンドを実行することにより（❹の部分）、タートルを動かして図形を描きます。

LIST A-4 LIST A-1 の❹の部分

```
my_turtle.forward(200)          ●────────I
my_turtle.left(90)      ●───────J
my_turtle.forward(200)
my_turtle.left(90)
my_turtle.forward(200)
my_turtle.left(90)
my_turtle.forward(200)
```

デフォルトでは、タートルはウィンドウの中央で右向きの状態にあります。

Iでforward()メソッドにより現在カーソルが向いている方向に200ピクセルだけ前に動かし、
Jのleft()メソッドで左に90度回転させています。これを繰り返すことにより正方形を描きます。

✔ イベントループに入る

GUIプログラムではマウスのクリックなどのイベントを待ち受けて、イベントが発生したらそれ
を捕まえて処理を行いますが、これを「イベントループ」と呼びます。❺のmainloop()メソッド
がイベントループに入るメソッドです。スクリプトの最後に、mainloop()メソッドを記述してお
かないとすぐにプログラムが終了してしまいます。

なお、mainloop()メソッドの代わりにexitonclick()メソッドを使用すると、ユーザーがマウスを
クリックした時点でプログラムが終了します。

☑ 基本的なメソッド

次にTurtleオブジェクトで使用可能な描画のための基本的なメソッドをまとめておきます。

表A-1 Turtleオブジェクトの基本的な描画用メソッド

メソッド	説明
shape(s)	カーソル（タートル）の形状を設定する
shapesize(s)	カーソルの大きさを設定する
pensize(s)	ペンのサイズを設定する
pencolor(c)	ペンの色を設定する（cは「"red"」「"yellow"」などの色名の文字列、もしくは「"#33FF8C"」などの「#RRGGBB」形式の文字列）
forward(d)	前方にdピクセル移動する
back(d)	後方にdピクセル移動する
left(a)	左方向にa度回転する
right(a)	右方向にa度回転する
goto(x, y)	座標(x, y)にカーソルを移動する
penup()	ペンを上げる
pendown()	ペンを下げる
circle(r)	半径がrの円を描く
home()	初期位置に戻る
setx(x)	X座標を設定する
sety(y)	Y座標を設定する
fillcolor(c)	塗りの色を設定する
begin_fill()	塗りを開始する
end_fill()	塗りを終了する
speed(s)	カーソルのスピードを設定する（sの範囲は0〜10。0は動きのアニメーションなし）
setheading(a)	カーソルの向きをa度にする
towards(x, y)	現在位置から座標(x, y)への角度を戻す
clear()	画面をクリアする
write(s)	文字列を描く

✔ スクリーンの座標について

デフォルトではカーソルはスクリーンの中央にいますが、このカーソルの座標が(0, 0)です。

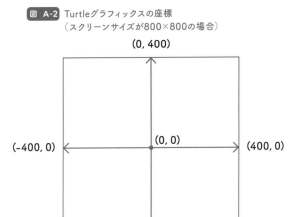

図 A-2 Turtleグラフィックスの座標
（スクリーンサイズが800×800の場合）

goto()メソッドを使用すると、指定した座標に移動することができます。なお、Turtleオブジェクトではペンの状態が重要です。現実世界の描画と同じように、ペンを上げた状態で移動メソッドを実行してもその部分は描かれません。ペンの上げ下げはpenup()、pendown()メソッドで行います。デフォルトではペンは下がった状態です。

次の例では、リストpositionsの要素に複数の座標が格納されています。それらの座標に順にgoto()メソッドで移動し、circle()メソッドで円を描いています。

LIST A-5 circle1.py（一部） 📁

```python
# タートルを生成
my_turtle = turtle.Turtle()
# カーソルの形を設定
my_turtle.shape("turtle")
# カーソルのサイズを設定
my_turtle.shapesize(3)
# ペンの太さを設定
my_turtle.pensize(4)
# ペンの色を設定
my_turtle.pencolor("green")
```

次ページへ続く

```
# ポジションをリストに格納
positions = [(100, 100), (0, 0), (-100, -100), (-100, 100), (100, -100)]  ●①

for pos in positions:
    my_turtle.penup()            ●③
    my_turtle.goto(pos)          ●④      ②
    my_turtle.pendown()          ●⑤
    my_turtle.circle(100)        ●⑥

screen.mainloop()
```

①でリストpositionsに4つの座標を要素として格納しています。それぞれの座標は(x座標, y座標)の形式のタプルです。

②のfor文でpositionsから要素を順に取り出し、変数posに代入しその位置に円を描いています。③でpenup()メソッドでペンを上げ、④のgoto()メソッドでその座標に移動し、⑤のpendown()メソッドでペンを下げています。⑥のcircle()メソッドで円を描いています。

図 A-3 円を描く

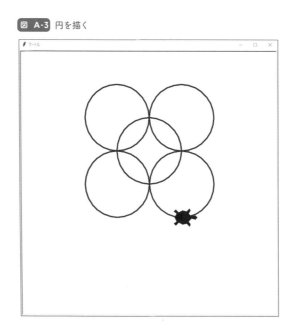

✔ 塗りを設定する

図形に塗りを設定するには、図形を描いている部分をbegin_fill()メソッドとend_fill()メソッドで囲みます。また、塗りの色はfillcolor()メソッドで設定します。

次に、例を示します。

LIST A-6 fill1.py（一部） 📁

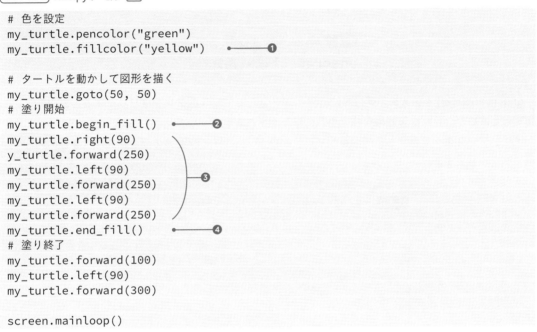

```python
# 色を設定
my_turtle.pencolor("green")
my_turtle.fillcolor("yellow")        ●①

# タートルを動かして図形を描く
my_turtle.goto(50, 50)
# 塗り開始
my_turtle.begin_fill()        ●②
my_turtle.right(90)
y_turtle.forward(250)
my_turtle.left(90)
my_turtle.forward(250)        ③
my_turtle.left(90)
my_turtle.forward(250)
my_turtle.end_fill()        ●④
# 塗り終了
my_turtle.forward(100)
my_turtle.left(90)
my_turtle.forward(300)

screen.mainloop()
```

①で塗りの色を"yellow"に設定しています。②のbegin_fill()メソッド、④のend_fill()メソッドに囲まれた③の描画部分に塗りが設定されます。

図 A-4 塗りを設定する

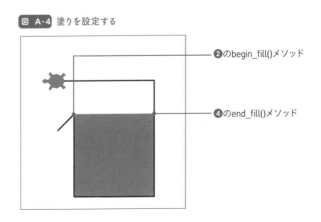

②のbegin_fill()メソッド

④のend_fill()メソッド

マウスをクリックしたりキーボードのキーをタイプしたりするとイベントが発生します。turtleモジュールを使用したプログラムでは、Screenクラスのmainloop()メソッドを実行すると、イベントループ、つまりイベント待ちの状態になります。

ここでは、マウスをクリックしたときに発生するイベントを処理する方法について説明しましょう。それには、Screenクラスのonscreenclick()メソッドを使用します。

図 **A-5** onscreenclick()メソッド

onscreenclick(**関数**)

onscreenclick()メソッドを実行後に、ウィンドウ内でマウスボタンをクリックすると、引数で指定した関数がクリック位置の座標を引数に呼び出されます。

次に、マウスをクリックした位置を起点に、半径が50〜150ピクセルのランダムな大きさの円を描く例を示します。

図 **A-6** クリックした位置にランダムな大きさの円を描く

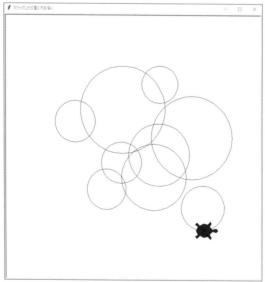

LIST A-7 onclick1.py 📁

```python
import turtle
import random

# ランダムな大きさの円を描く関数
def draw_circle(x, y):
    my_turtle.goto(x, y)
    my_turtle.pendown()
    my_turtle.circle(random.randint(50,150))
    my_turtle.penup()

screen = turtle.Screen()
screen.setup(800, 800)
screen.title("クリックした位置に円を描く")
my_turtle = turtle.Turtle()
my_turtle.pensize(1)
my_turtle.shapesize(3)
my_turtle.shape("turtle")
my_turtle.penup()

# クリックされたらdraw_circle()関数を呼び出す
screen.onscreenclick(draw_circle)          ❷

screen.mainloop()
```

❶ … ❶

❷ … ❷

❶で引数(x, y)の位置に半径が50〜150の円を描くdraw_circle()関数を定義しています。

❷でonscreenclick()メソッドにより、マウスボタンがクリックされたらdraw_circle()メソッドを呼び出すようにしています。

✔ 途中のクリックに反応しないようにする

デフォルトでは図形を描いている間もイベントに反応します。onclick1.pyの例では、円を描いている途中に任意の場所をクリックすると円の描画が中断されてしまいます（次ページ図）。

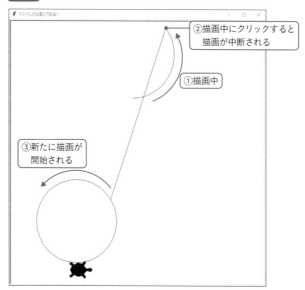

図 A-7 描画中にクリックすると新たに描画が開始される

描画中はクリックイベントに応答しないようにするには、関数の先頭の描画メソッドの前にNoneを引数にonscreenclick()メソッドを実行します。これでクリックに応答しなくなります（下のリストの❶の部分）。そして関数の最後でonscreenclick()メソッドを実行し、再び描画用の関数を呼び出すように設定します（下のリストの❷の部分）。

LIST A-8 onclick2.py（draw_circle()関数部分）

```
def draw_circle(x, y):
    screen.onscreenclick(None)    ●————❶
    my_turtle.goto(x, y)
    my_turtle.pendown()
    my_turtle.circle(random.randint(50,150))
    my_turtle.penup()
    screen.onscreenclick(draw_circle)    ●————❷
```

✔ タイマーの利用

一定周期で表示を更新したい場合には、Screenクラスのontimer()メソッドが利用できます。

図 A-8 ontimer()メソッド

ontimer(関数，ミリ秒)

2番目の引数で指定した時間（ミリ秒）後に、最初の引数で指定した関数を呼び出します。

ontimer()メソッドを使用して、一定周期で繰り返し処理を行いたいといった場合には、次のように関数内でontimer()メソッドを使用して自分自身を呼び出します。

図 A-9 処理を一定周期で繰り返す

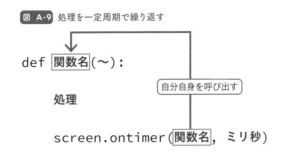

```
def 関数名(〜):

    処理                    自分自身を呼び出す

    screen.ontimer(関数名, ミリ秒)
```

次に、ontimer()メソッドを使用して100ミリ秒ごとに時刻を更新するデジタル時計の例を示します。

図 A-10 デジタル時計

LIST A-9 dclock1.py 📁

```python
import datetime
import turtle

# スクリーンを取得
screen = turtle.Screen()
# スクリーンのサイズを設定
screen.setup(600, 300)
# チラつき防止
screen.tracer(0)              ──❶
# 時間を表示するタートルを生成
time_turtle = turtle.Turtle()
time_turtle.penup()
time_turtle.hideturtle()      ──❷
time_turtle.goto(-200, 0)
```

次ページへ続く

```
def clock():                    ③
    # 現在時刻
    now = datetime.datetime.now()
    # 時間を表示
    time = f"{now.hour:02d}:{now.minute:02d}:{now.second:02d}"
    time_turtle.clear()          ④
    time_turtle.write(time, font=("helvetica", 80))    ⑤
    # 100ミリ秒ごとに自分自身を呼び出す
    screen.ontimer(clock, 100)   ⑥

clock()

screen.mainloop()
```

　①のScreenクラスのtracer()メソッドは画面の自動更新を制御するメソッドです。0を引数に実行すると、カーソルを動かしながら線を描画していくアニメーションは行われなくなります。こうすることでontimer()メソッド実行時の画面のチラつきを防ぎます。

　②のhideturtle()はカーソルを非表示にするメソッドです。

　③が時刻を表示するclock()関数の定義です。⑥で100ミリ秒ごとに自分自身を呼び出すことで時刻を自動更新しています。

　clock()関数が呼び出されるたびに、④のclear()メソッドでいったん画面をクリアしてから時刻を表示しています。

　⑤のwrite()メソッドは文字列を表示するメソッドです。最初の引数には描画する文字列を、2番目の引数fontにはフォント名とサイズをタプルで指定しています。

APPENDIX B » 練習問題の解答

CHAPTER 1 （P.63）

Ⓐの解答

（×） 機械語のプログラムは人間にとって理解しやすい

（×） コンピュータは高水準言語で記述されたプログラムを直接実行できる

（×） Pythonはコンパイラ方式の言語である

（×） インタプリタ方式の言語を実行するにはコンパイラが必要である

（○） インタプリタ方式と比較するとコンパイラ方式のほうが実行速度が速い

（○） クラスに用意された処理のことをメソッドと呼ぶ

Ⓑの解答

足し算（＋）　　引き算（－）　　かけ算（＊）　　割り算（／）

Ⓒの解答

```
>>> print(999 % 55)
```

Ⓓの解答

```
>>> print("西暦" +  str (1988 + 32)  +  "年")
```

CHAPTER 2 （P.120）

Ⓐの解答

```
x = 5
y = 13  %  x
print(y)
```

Ⓑの解答　LIST_Ans-1 c2b.py 📁

```
taro = 170.0
ichiro = 165.5
makoto = 181.5
average =  (taro + ichiro + makoto) / 3
print("平均身長: " + str(average) + "cm")
```

ⓒの解答

```
（✕）  c = colors[4]
（◯）  c = colors[3]
（◯）  c = colors[-1]
（◯）  c = colors[len(colors) - 1]
（✕）  c = colors[len(colors)]
```

Ⓓの解答　LIST Ans-2 c2d.py 📁

```
import  random

janken = ["グー", "チョキ", "パー"]
print( janken[random.randrange(len(janken))] )
```

CHAPTER 3　(P.168)

Ⓐの解答

- 変数aの値と変数bの値が等しい

  a　==　b

- 変数aの値は3の倍数

  (a　%　3) == 0

- 変数aの値は正の数値

  a　>　0

- 変数aの値は「1」もしくは「4」

  > (a == 1)　or　(a== 4)

Ⓑの解答　LIST Ans-3 c3b.py 📁

```
age = int(input("生まれた年を入力してください "))

if  age >= 2001 :
    print("21世紀生まれですね")
else :
    print("21世紀生まれではありません")
```

C の解答　[LIST Ans-4] c3c.py 📁

```python
colors1 = ["yellow", "red", "green"]
colors2 = ["黄色", "赤色", "緑色"]

for e, j in zip(colors1, colors2):
    print(e + ": " + j)
```

D の解答　[LIST Ans-5] c3d.py 📁

```python
import sys

try:
    age = int(input("年齢を入力してください "))
except ValueError:
    print("正しい年齢を入力してください")
    sys.exit()
```
～以下略～

CHAPTER 4　(P.229)

A の解答

② `s = "123456789"[2:6]`

B の解答　[LIST Ans-6] c4b.py 📁

```python
import sys

sum = 0
for i in range(1, len(sys.argv)):
    sum += float(sys.argv[i])

print(f"平均: {sum / (len(sys.argv) -1):.3f}")
```

C の解答　[LIST Ans-7] c4c.py 📁

```python
lang = {"Python":45, "C":14, "Swift":40, "JavaScript":40,
"Java": 44}
for l, n, in lang.items():
    print("{}の利用者は{}人".format(l, n))
```

D の解答　[LIST Ans-8] c4d.py 📁

```python
names = [c[0] for c in customers if c[1] >= 20]
```

CHAPTER 5 （P.272）

Ⓐの解答　LIST Ans-9 c5a.py 📁

```python
import math
def menseki( hankei ):
    return hankei * hankei * math.pi


hankei = 10
print(f"半径: {hankei}-> 面積: {menseki(hankei):.3f}")
```

Ⓑの解答　LIST Ans-10 c5b.py 📁

```python
menseki = lambda hankei: hankei * hankei * math.pi
```

Ⓒの解答　LIST Ans-11 c5c.py 📁

```python
for student in sorted (students.items(), key=lambda n: n[1] , ⇨
 reverse=True ):
    print(student[0], student[1] )
```

Ⓓの解答　LIST Ans-12 c5d.py 📁

```python
def gen_list(lst):
    for s in lst :
        yield(s.upper())


lst = ["python", "c", "java", "basic", "swift"]
gen = gen_list(lst)
for s in gen:
    print(s)
```

CHAPTER 6 （P.301）

Ⓐの解答

```python
② f = open("sample.txt", "r", encoding="utf_8")
```

Ⓑの解答 (LIST Ans-13) c6b.py 📂

```python
foods = []

with open("foods.txt", "r", encoding="utf_8") as f:
    for food in f :
        foods.append(food.rstrip("\n"))

print(foods)
```

Ⓒの解答 (LIST Ans-14) c6c.py 📂

```python
import sys

# 引数があることを確認する
if len(sys.argv) < 2:
    print("引数を指定してください")
    sys.exit()

# コマンドライン引数を書き出す
with open("out.txt", "w", encoding="utf_8") as out_f:
    for i in range(1, len(sys.argv)) :
        out_f.write( sys.argv[i] + "\n" )
```

Ⓓの解答 (LIST Ans-15) c6d.py 📂

```python
import os, sys

# 引数がふたつであることを確認する
if len(sys.argv) != 3:
    print("使い方：conv_enc1.py file1 file2")
    sys.exit()

# 変換元のファイルが存在することを確認する
in_file = sys.argv[1]
if not os.path.exists(in_file):
    print("ファイルが存在しません")
    sys.exit()

# 変換元と変換先が同じであればプログラムを終了する
if sys.argv[1] == sys.argv[2] :
    print("変換元と変換先が同じです")
    sys.exit()
```
〜略〜

E の解答　LIST Ans-16 c6e.py 📁

```
import json

f = open("meibo.json", "r", encoding="utf_8")
json_obj = json.load(f)

sorted_customers = sorted(json_obj["customers"], key=lambda a:⇨
 a["pref"] )
for person in sorted_customers:
    print(f"{person['name']} {person['age']}才 {person['pref']}")

f.close()
```

CHAPTER 7 （P.336）

A の解答

（×）　クラスはdef文で定義する

（×）　クラスの変数の中でインスタンスごとに用意された変数を「クラス変数」という

（○）　selfは自分自身を参照するキーワードである

（×）　クラスの初期化メソッドの名前はクラス名と同じである

（×）　アトリビュートを外部から見えないようにするには先頭にアンダースコア「_」をひとつ記述する

B の解答　LIST Ans-16 c7b.py 📁

```
class Circle():
    def  __init__ (self, radius, color="white"):
         self.radius  = radius
        self.color = color

c1 =  Circle (10, "black")
print(f"半径: {c1.radius}, 色: {c1.color}")
```

❸の解答　(LIST Ans-17) c7c.py 📂

```python
class Circle():
    def __init__(self, radius, color="white"):
        self.__radius = radius
        self.__color = color

    def get_radius(self):
        return self.__radius

    def get_color(self):
        return self.__color

    radius = property(get_radius)
    color = property(get_color)

c1 = Circle(10, "black")
print(f"半径: {c1.radius}, 色: {c1.color}")
```

❹の解答　(LIST Ans-18) c7d.py 📂

```python
import math
class Circle():
    def __init__(self, radius, color="white"):
        self.__radius = radius
        self.__color = color

    def get_radius(self):
        return self.__radius

    def get_color(self):
        return self.__color

    radius = property(get_radius)
    color = property(get_color)

class NewCircle(Circle):
    def menseki(self):
        return math.pi * (self.radius ** 2)

c1 = NewCircle(10, "black")

print(f"半径: {c1.radius}, 色: {c1.color}, 面積: {c1. ⇨
menseki():.2f}")
```

Index 索引

記号

!= （演算子）	127
"""	70
" （ダブルクォーテーション）	36, 49, 58
#	71
#!	118
$ （正規表現）	186
% （演算子）	55
' （シングルクォーテーション）	49, 59
'''	70
* （演算子）	54
* （可変長引数）	245
* （正規表現）	186
*= （演算子）	79
** （演算子）	55
**	249
+ （演算子）	54
+ （正規表現）	186
+= （演算子）	79
- （演算子）	54
-= （演算子）	79
. （正規表現）	186
..	36, 48
.py	66
/ （演算子）	54
// （演算子）	55
/= （演算子）	79
< （演算子）	127
<= （演算子）	127
== （演算子）	127, 200
> （演算子）	124, 127
>= （演算子）	127
>>> （Pythonのプロンプト）	52
? （正規表現）	186
[^文字の並び] （正規表現）	186
[文字の並び] （正規表現）	186
\	49, 90
\\	91
\\ （正規表現）	186
\b （正規表現）	186
\d （正規表現）	185, 186
\D （正規表現）	186
\n	72, 91
\r	91
\s （正規表現）	185, 186
\S （正規表現）	186
\t	91
\w （正規表現）	186
\W （正規表現）	186
^ （正規表現）	186
_	76, 87
__init__	307
{m} （正規表現）	185, 186
{m,n} （正規表現）	186
{値}	182
|= （演算子）	207
	（演算子）	206
~	43
¥	32
¥n	72

数字

0b	88
0o	87
0x	87
2進数形式	88
3項演算子	139
8進数形式	87
16進数形式	87

A

add(要素)メソッド	213
age1.py	140
and （論理演算子）	132
append1.py	288
append()メソッド	194
arg_test1.py	239
arg_test2.py	240
arg_test3.py	240
arg_test4.py	241
arg_test5.py	246
arg_test6.py	247
arg_test7.py	247
arg_test8.py	249
argv	199
average1.py	248

average2.py ———————— 248
average3.py ———————— 252

B

back()メソッド ———————— 344
BaseExceptionクラス ———————— 166
bash ———————— 43
begin_fill()メソッド ———————— 347
bin() ———————— 94
bool型 ———————— 124
break1.py ———————— 152
break2.py ———————— 152
break文 ———————— 151

C

c2b.py ———————— 354
c2d.py ———————— 354
c3b.py ———————— 354
c3c.py ———————— 355
c3d.py ———————— 355
c4b.py ———————— 355
c4c.py ———————— 355
c4d.py ———————— 355
c5a.py ———————— 356
c5b.py ———————— 356
c5c.py ———————— 356
c5d.py ———————— 356
c6b.py ———————— 357
c6c.py ———————— 357
c6d.py ———————— 357
c6e.py ———————— 358
c7b.py ———————— 358
c7c.py ———————— 359
c7d.py ———————— 359
cal1.py ———————— 108
cal2.py ———————— 109
cal3.py ———————— 110
cal4.py ———————— 110
cal5.py ———————— 111
calendarモジュール ———————— 106
calコマンド ———————— 44
carg_test1.py ———————— 199
carg_test2.py ———————— 200
cdコマンド ———————— 35, 47
ceil(x) ———————— 113
circle()メソッド ———————— 344, 345
classキーワード ———————— 306
clear()メソッド ———————— 213, 344, 352
CLI ———————— 30
close()メソッド ———————— 277

comment1.py ———————— 71
comment2.py ———————— 71
comment3.py ———————— 71
complex ———————— 84
continue1.py ———————— 154
continue文 ———————— 153
conv_enc1.py ———————— 291
cos(x) ———————— 113
countries1.py ———————— 210
countries2.py ———————— 264
countries3.py ———————— 285
count(文字列[, 開始[, 終了]]) ———————— 173
CPU ———————— 16
CR ———————— 293
CRLF ———————— 293
CUI ———————— 30
customer1.py ———————— 309
customer2.py ———————— 311
customer3.py ———————— 312
customer4.py ———————— 315
customer5.py ———————— 316
customer6.py ———————— 317
customer7.py ———————— 319
customer8.py ———————— 322
customer9.py ———————— 329, 330
customer10.py ———————— 331
customer11.py ———————— 332
customer_m1.py ———————— 324
customer_m2.py ———————— 326

D

dateクラス ———————— 315
dclock1.py ———————— 351
def文 ———————— 234
del文 ———————— 195, 205
dic1.py ———————— 206
dic2.py ———————— 209
dic_comp1.py ———————— 222
dic_comp2.py ———————— 223
dic_comp3.py ———————— 224
dirコマンド ———————— 33
dollar_to_yen1.py ———————— 235
dollar_to_yen2.py ———————— 237
dollar_to_yen3.py ———————— 238
dollar_to_yen()関数 ———————— 235

E

e ———————— 88, 114
elif ———————— 129
else ———————— 128, 159

else1.py ——————————————— 159
encoding ——————————————— 276
end="" ——————————————————— 69
end_fill()メソッド ———————— 347
endswith(文字列) ——————————— 173
enum1.py ——————————————— 155
enum2.py ——————————————— 155
enum3.py ——————————————— 156
enumerate()関数 —————————— 156
euc_jp —————————————————— 291
except ———————————————————— 163
exception1.py —————————— 163
exception2.py —————————— 164
exception3.py —————————— 165
exitonclick()メソッド ——————— 343
exit()関数 ——————————————— 163
exit()コマンド ——————————— 53
exitコマンド ——————————— 32, 44
exp(x) ——————————————————— 113

F

False ———————————————————— 124
fileread1.py ——————————— 278
fileread2.py ——————————— 278
filewrite1.py —————————— 287
filewrite2.py —————————— 289
filewrite3.py —————————— 290
fill1.py ———————————————— 347
fillcolor()メソッド —————— 344, 347
filter1.py ——————————————— 256
filter2.py ——————————————— 257
filter3.py ——————————————— 257
filter4.py ——————————————— 257
filter()関数 —————————————— 256
find()メソッド ——————————— 177
find(文字列) ——————————————— 173
float ————————————————— 84, 91
float()組み込み関数 ———————— 82
floor(x) ——————————————————— 113
for1.py ——————————————————— 144
for～in ———————————————————— 215
format1.py ——————————————— 179
formatmonth()メソッド ————— 111
format()メソッド ————————— 178
forward()メソッド —————— 343, 344
for文 ——————————————————— 143
from～import文 ———————————— 110
f文字列 ———————————————————— 182

G

gen1.py ——————————————————— 265
gen2.py ——————————————————— 266
gen3.py ——————————————————— 269
gen4.py ——————————————————— 270
Get-Helpコマンド ————————————— 38
global文 ——————————————————— 244
Google Python Style Guide ———— 76
goto(x, y)メソッド ——————————— 344
group()メソッド —————————————— 184
GUI ————————————————————————— 30

H

hex() ———————————————————————— 94
hideturtle()メソッド ——————— 352
home()メソッド ——————————————— 344

I

id()関数 ————————————————————— 102
id番号 ——————————————————————— 102
if1.py ——————————————————————— 125
if2.py ——————————————————————— 128
if3.py ——————————————————————— 129
if4.py ——————————————————————— 130
if5.py ——————————————————————— 131
if6.py ——————————————————————— 133
if7.py ——————————————————————— 134
if_comp1.py —————————————————— 219
if_comp2.py —————————————————— 220
if_comp3.py —————————————————— 221
if_test1.py —————————————————— 141
if文 —————————————————————————— 125
import文 —————————————————————— 106
in（演算子）————————— 127, 176, 205
index1.py ———————————————————— 192
IndexError —————————————————— 193
index()メソッド —————————————— 192
input()関数 ———————————— 82, 110
int ————————————————————— 84, 92
is（演算子）——————————————— 127, 200
is not（演算子）——————————————— 127
iso2022_jp ——————————————————— 291
items()メソッド —————————————— 208
iter()コンストラクタ ————————— 144

J

Japanese Language Pack ————————— 25
join(イテレート可能なオブジェクト) ——— 173
JSON ———————————————————————— 294
jsonモジュール ————————————————— 295

K

kakugen1.py ———————————————— 281
kakugen.txt ———————————————— 281
key ————————————————————— 258
keys()メソッド ———————————————— 207

L

lambda式 ————————————————— 251
leap_year1.py ———————————————— 136
left()メソッド —————————————— 343, 344
len()関数 ———————————— 98, 174, 204
LF ————————————————————— 293
linenum1.py ———————————————— 279
linenum2.py ———————————————— 282
linenum3.py ———————————————— 283
linenum4.py ———————————————— 284
linesep ————————————————— 287
list ————————————————————— 95
list()コンストラクタ ————— 100, 208, 254
load_json1.py ———————————————— 296
load_json2.py ———————————————— 297
load()関数 ————————————————— 295
log(x) ————————————————————— 113
lower()メソッド ———————————————— 173
lst_comp1.py ———————————————— 216
lst_comp2.py ———————————————— 216
lst_comp3.py ———————————————— 217
lst_comp4.py ———————————————— 218
lsコマンド ————————————————— 46

M

mainloop()メソッド ——————————— 343, 348
map1.py ———————————————————— 253
map2.py ———————————————————— 254
map3.py ———————————————————— 255
map4.py ———————————————————— 255
map()関数 ———————————————————— 253
Matchオブジェクト ———————————————— 184
math1.py ———————————————————— 112
math2.py ———————————————————— 113
mathモジュール ———————————————— 112
max(リスト)関数 —————————————— 196
menseki.py ———————————————— 115
min(リスト)関数 —————————————— 196
module_test1.py —————————————— 324
module_test2.py —————————————— 325
my_list1.py ———————————————— 333

N

NameError ———————————————————— 76

next()関数 ————————————————— 145
not（論理演算子）———————————— 132
not in（比較演算子）———————————— 127

O

objectクラス ————————————————— 20
oct() —————————————————————— 94
omikuji1.py ———————————————— 117
onclick1.py ———————————————— 349
onclick2.py ———————————————— 350
onscreenclick()メソッド ————————— 348
ontimer()メソッド ——————————— 350
open()関数 ————————————————— 276
or（論理演算子）————————————— 132

P

pass文 ————————————————————— 314
path.exists()メソッド ——————— 289, 290
pencolor()メソッド ——————————— 343, 344
pendown()メソッド ——————————— 344, 345
pensize()メソッド ——————————— 343, 344
penup()メソッド ——————————— 344, 345
pi ————————————————————————— 114
PowerShell ———————————————————— 30
pow(x, y) ———————————————————— 113
print()関数 —————————————————— 57, 69
prmonth()メソッド ——————————— 108
property()関数 ————————————— 321
pwdコマンド ———————————————— 31, 48
python3コマンド ——————— 51, 52, 53, 66
Python 3のインストール
　（Linux）———————————————————— 42
　（macOS）———————————————————— 41
　（Windows）———————————————————— 28
Python拡張機能 ————————————————— 26
pythonコマンド ——————— 39, 52, 53, 66
Pythonのバージョン ———————————————— 22

R

radian(x) ————————————————— 113
rand_gen1.py ———————————————— 267
rand_gen2.py ———————————————— 268
randint()関数 ————————————— 115
randomモジュール ——————————— 115
randrange()関数 ————————————— 116
range1.py ———————————————————— 146
range2.py ———————————————————— 147
range3.py ———————————————————— 147
rangeオブジェクト ——————————— 146
range()コンストラクタ ——————————— 146

raw文字列記法	186
readlines()メソッド	277, 279
readline()メソッド	277, 282
read()メソッド	277, 278
removeprefix(文字列)	173
removesuffix(文字列)	173
remove()メソッド	195, 213
replace(文字列1, 文字列2)	173
return文	234
reverse()メソッド	196
reモジュール	183
right()メソッド	344
rstrip()メソッド	279

S

scope1.py	242
scope2.py	243
scope3.py	243
scope4.py	244
Screenオブジェクト	341
Screen()クラスメソッド	342
search1.py	176
search2.py	177
search()関数	184
season1.py	136
season2.py	137
season3.py	139
self	307
set_comp1.py	225
setheading()メソッド	344
setup()メソッド	342
setx(x)メソッド	344
sety(y)メソッド	344
setクラス	212
set()コンストラクタ	213
shapesize()メソッド	343, 344
shape()メソッド	342, 344
shift_jis	291
show_year1.py	68
show_year2.py	69
show_year3.py	80
sin(x)	113
smaller1.py	251
smaller2.py	251
sort1.py	258
sort2.py	258
sort3.py	259, 260
sort4.py	260
sort5.py	261
sort6.py	262

sort7.py	262
sort8.py	263
sorted()関数	198
sort()メソッド	197
span()メソッド	184
speed(s)メソッド	344
split()メソッド	173, 191
sqrt()関数	112, 113
startswith(文字列)	173, 220
std_weight1.py	81
std_weight2.py	83
StopIteration例外	265
str1.py	174
str()関数	61, 94
strクラス	172
sub()関数	187
sum1.py	148
sum2.py	150
sum(リスト)関数	196, 248
sys.exit()	290

T

t1.py	341
tan(x)	113
TextCalendarクラス	107
title()メソッド	342
to_inch2.py	183
to_inch.py	181
towards(x, y)メソッド	344
tracer()メソッド	352
triple_quote1.py	70
True	124
try	163
tuple	99
tuple()	101
Turtleグラフィックス	340
Turtle()メソッド	342
turtleモジュール	341
TypeError	60
type()関数	84, 172

U

upper()メソッド	172, 173, 258
utf_8	291

V

ValueError	162
values()メソッド	207
Visual Studio Code	24, 104

W

whileループ	149
Windows PowerShell	30
with文	283, 286
writelines()メソッド	286, 288
write()メソッド	286, 344

Y

yield文	265

Z

zip1.py	157
zip2.py	157
zip3.py	158
zip()関数	156
zsh	43

あ

アクセッサメソッド	318
アトリビュート	19
イテレータ	143
イテレート	143
イベントループ	343
イミュータブル	98
インスタンス	19
インスタンス変数	307
インタプリタ	18
インタプリタ方式	17
インタラクティブモード	52
インデックス	95
インデント	21, 27
エスケープ	49
エスケープシーケンス	90
オブジェクト	19
オブジェクト指向言語	19
オブジェクトファイル	17
オブジェクトプログラム	17

か

カウントアップ／ダウンする	146
型	60
カプセル化	318
可変長引数	245
仮引数	236
カレントディレクトリ	31, 43
関数	56
キー	202
キーワード	76
キーワード引数	236
機械語	16

基数	93
組み込み関数	57
クラス	19, 306
クラスのインポート	110
クラス変数	310
グローバルスコープ	242
グローバル変数	242
継承	20, 328
ゲッターメソッド	318
高水準言語	17
固定引数	236
コマンドのオプション	46
コマンドプロンプト	30
コマンドライン	30
コメント	71
コンストラクタ	91, 107
コンパイラ	17
コンパイラ方式	17
コンパイル	17

さ

サブクラス	166, 328
算術演算子	55
参照	74
シーケンス型	101
ジェネレータ関数	265
ジェネレータ式	269
シェル	43
辞書	202
実引数	236
集合	212
集合の内包表記	224
条件演算式	139
条件式	125
初期化メソッド	307
数値型	60
数値と文字列の相互変換	91
スーパークラス	166, 328
スクリプト言語	20
スコープ	242
ステートメント	68
スライス	174
正規表現	183
正規表現の特殊文字	186
整数型	84
セッターメソッド	318
絶対パス	32, 45
相対パス	32, 45
ソースファイル	17
ソースプログラム	17

ソフトタブ ……………………………… 27

た

タートル ……………………………… 340
ターミナル ……………………………… 43
代入演算子 ……………………………… 78
タプル ……………………………… 99
タプルとリストの相互変換 …………… 100
直定数 ……………………………… 86
定数 ……………………………… 114
ディレクトリ ……………………………… 31
テキストエディタ ……………………… 23
テキストシーケンス型 …………………… 101
デバッグ ……………………………… 66
特殊メソッド ……………………………… 307

な

内包表記 ……………………………… 215

は

バージョン2系 ……………………… 22
バージョン3系 ……………………… 22
ハードタブ ……………………………… 27
バグ ……………………………… 66
パス ……………………………… 32
比較演算子 …………………… 125, 127
引数 ……………………… 34, 46, 56
引数のデフォルト値 …………………… 308
ビュー ……………………………… 208
標準体重計算プログラム ……………… 81
標準ライブラリ ……………………… 105
ファーストクラス・オブジェクト …… 255
ファイル名の補完機能 ………… 37, 49
フォルダ ……………………………… 31
複合文 ……………………………… 126
複素数型 ……………………………… 84
浮動小数点型 ……………………… 84
浮動小数点型の指数表現 ……………… 88
浮動小数点形式 ……………………… 89
プログラミング言語 …………………… 16
ブロック ……………………… 21, 125
プロパティ ……………………………… 321
プロンプト ……………………… 31, 43
べき乗 ……………………………… 55
変数 ……………………………… 73
変数名の付け方 ………………………… 76
ホームディレクトリ …………………… 43
補完機能（macOS / Linux） ………… 49
補完機能（Windows） ………………… 37

ま

マシン語 ……………………………… 16
マッピング型 ……………………… 202
ミュータブル ……………………… 98
無名関数 ……………………………… 251
メソッド ……………………… 19, 107
文字エンコーディング ………………… 290
モジュール ……………………… 105, 323
モジュールのインポート ……………… 106
文字列型 ……………………………… 60
文字列のリテラル ……………………… 89
戻り値 ……………………………… 56

や

ユニバーサル改行モード ……… 287, 293
要素 ……………………………… 95

ら

ライブラリ ……………………………… 23
乱数 ……………………………… 115
リスト型 ……………………………… 95
リストの内包表記 ……………………… 215
リテラル ……………………………… 86
リファレンス ……………………………… 74
履歴機能 ……………………… 38, 50, 58
ルート ……………………………… 45
ループ ……………………………… 142
例外 ……………………………… 161
例外クラス ……………………………… 166
例外処理 ……………………………… 163
ローカルスコープ ……………………… 242
ローカル変数 ……………………… 242
論理演算子 ……………………………… 132

■ 著者

大津真（おおつ まこと）

東京都生まれ。早稲田大学理工学部卒業後、外資系コンピューターメーカーに SE として
8 年間勤務。その後はフリーランスのプログラマーおよびテクニカルライターとして活動。
主な著書に『これから学ぶ Python』（インプレス）、『SwiftUI ではじめる iPhone アプリプロ
グラミング入門』（ラトルズ）、『あなうめ式 Java プログラミング超入門』（エムディエヌコーポ
レーション）、『3 ステップでしっかり学ぶ JavaScript 入門』（技術評論社）、『いちばんやさ
しい Vue.js 入門教室』（ソーテック社）などがある。

STAFF

カバーデザイン	米倉英弘（株式会社細山田デザイン事務所）
本文デザイン	木寺 梓（株式会社細山田デザイン事務所）
カバー・本文イラスト	芦野公平
本文 DTP／編集	芹川 宏（ピーチプレス株式会社）
編集	石橋克隆（コンピューターテクノロジー編集部）

■ 商品に関する問い合わせ先
インプレスブックスのお問い合わせフォームより入力してください。

https://book.impress.co.jp/info/

上記フォームがご利用頂けない場合のメールでの問い合わせ先

info@impress.co.jp

● 本誌の内容に関するご質問は、お問い合わせフォーム、メールまたは封書にて書名・ISBN・お名前・電話番号と該当するページや具体的な質問内容、お使いの動作環境などを明記のうえ、お問い合わせください。
● 電話やFAX等でのご質問には対応しておりません。なお、本誌の範囲を超える質問に関しましてはお答えできませんのでご了承ください。
● インプレスブックス (https://book.impress.co.jp/) では、本誌を含めインプレスの出版物に関するサポート情報などを提供しておりますのでそちらもご覧ください。
● 該当書籍の奥付に記載されている初版発行日から 3 年が経過した場合、もしくは該当書籍で紹介している製品やサービスについて提供会社によるサポートが終了した場合は、ご質問にお答えしかねる場合があります。

■ 落丁・乱丁本などの問い合わせ先
TEL 03-6837-5016　FAX 03-6837-5023

service@impress.co.jp

(受付時間／10:00-12:00、13:00-17:30 土日、祝祭日を除く)
● 古書店で購入されたものについてはお取り替えできません。

■ 書店／販売店の窓口
株式会社インプレス 受注センター
TEL 048-449-8040
FAX 048-449-8041
株式会社インプレス 出版営業部
TEL 03-6837-4635

基礎Python　改訂2版
2021年1月21日　初版第1刷発行

著　者　　大津 真
発行人　　小川 亨
編集人　　高橋隆志
発行所　　株式会社インプレス
　　　　　〒101-0051　東京都千代田区神田神保町一丁目105番地
　　　　　ホームページ　https://book.impress.co.jp/

印刷所　シナノ書籍印刷株式会社
ISBN978-4-295-01063-0

Printed in Japan